孕律。

郭安妮醫師的妊娠書

晚婚也能好孕、熟齡也能順產、產後也能性福

推薦序一

袁九重教授（台北醫學大學署立雙和醫院婦產部主任）

　　台灣婦女與幼兒佔全人口的五成以上，提升婦幼族群醫療照護實在是刻不容緩的事情，雖然少子化的趨勢很難有所轉變，不過卻有越來越多高齡產婦加入生育一族，因此，我認為婦幼科必須走向「精緻醫療」的服務。為了幫助婦女與幼兒打造一個溫馨、貼心的就醫環境，其中，醫師的特質就顯得格外重要。

　　我在台北榮民總醫院服務多年，一路看著安妮從榮總的住院醫師升到總醫師，在這段期間，我發現她常常跟著主治醫師開到最後一台刀，總是非常的盡心負責，把份內工作處理完才下班。在主治醫師指導各項處置及手術技術時，安妮也很認真的學習，因此遇到患者有疑問，她都能一一詳細說明。

　　安妮不僅認真負責，醫病關係也非常緊密，不論是門診、開刀，或是住院、出院，她都很關心患者的狀況。這對於懷孕期間絲毫不能馬虎的婦產科來說，她細心盡責的態度正是「精緻醫療」所需要的特質。

　　這次，安妮寫作本書，以第一線醫療人員的專業經驗，將這一些寶貴的訊息分享給準媽咪們，希望在這少子化的環境中，會有更多人願意加入生子行列，親身感受新生命所帶來的感動與喜悅！

推薦序二

林哲立（台北醫學大學署立雙和醫院 主治醫師）

　　迎接新生命的到來總是令人雀躍，而新手父母在享受喜悅心情之時，內心也會充滿些許的焦慮與不安。如果準爸媽又是「高齡父母」的狀況，緊張程度可能會大大提高，這時該如何準備，才能對懷孕這件事不再感到惶恐不安呢？想必這是每個「高齡父母」所關心的話題。

　　安妮自己是一位婦產科醫師，對於各種症狀她都有所瞭解，但是身為她的丈夫，在她懷孕期間我還是特別謹慎小心。這一路陪著安妮從產檢到生產，孕期的點點滴滴都歷歷在目，還記得待產時，因為產程遲滯只好改採剖腹產，當時我在手術室外焦急地等待著，每一分鐘都顯得那麼漫長。看著她經歷 18 小時產痛，依然無法順利自然產，因而開刀剖腹產，除了心疼與不捨，也深深感受到母親的偉大。

　　關於孕期的知識，除了婆婆媽媽們口耳相傳的生產經驗，現在網路資訊也非常發達，當中充斥著許多保健方法，安妮就常常在門診被孕婦們問及這些資訊的正確性。因此，當安妮提到她準備寫一本有關高齡產婦的書時，我非常的贊同，因為安妮在孕期中飲食控制相當得當，不但寶寶獲得足夠的營養成份，又不至於增加不必要的身體脂肪，產後恢復也很順利，我想這是每位美麗又健康的孕婦所期望的。

　　於是，我也鼓勵她：「既然妳自己是婦產科醫師，也是高齡產婦，何不把妳專業的見解與自身的經歷，分享給其他準爸媽參考呢？」

　　這本書，安妮從懷孕的各個時期詳加說明，包括懷孕前、懷孕後、分娩以及產後，可說是相當實用的懷孕生產工具書。準爸爸們如果想買禮物給辛苦懷孕的愛妻，我建議不妨從實質需求來考量，送這本書絕對是一個貼心的好禮喔！

推薦序三

吳泓泰（麗寶生醫股份有限公司總經理）

　　人生的馬拉松，從懷孕開始，當聽見 Baby 的心跳，不禁令人讚歎，上天創造微小生命的奇妙。邁入少子化、高齡化的臺灣社會，任何一個小生命的降臨，相信都將被視為珍寶，細心呵護。拜資訊爆炸所賜，年來，坊間育兒理論及書籍，多半來自國外著作，經國內翻譯後出書，作者鮮少同時兼具婦產科醫師與新手媽媽雙重身分，藉由郭醫師集結豐富的看診經驗與記錄親身懷孕的點點滴滴歷程，將人生中最美麗的感動分享給新手媽媽與爸爸。

　　很高興推薦這本懷孕生產的好書給現代忙碌的父母親。本書從孕婦準備懷孕前所需具備的常識開始，到紀錄孕育過程中每一天準媽媽與寶寶之間的互動和變化，以及生產時與產後相關注意事項等等，均有詳細且完整的說明。相信透過郭醫師深入淺出的闡述，能幫助每一位新手爸爸、媽媽在面對所有的疑問時，都能迎刃而解，可以安心且愉悅地，迎接寶寶的來臨。

　　生命的孕育，源自偉大的母親，對每位呱呱落地的嬰孩而言，彌堅的母愛，為親愛的寶貝構築強固的防火牆，「臍帶血」是上天給寶寶的第一份禮物，具有重建與再生的意義；在此衷心期待所有的新手父母，藉由郭醫師的好書，順利獲得健康的寶寶，使家庭更加和諧與甜蜜。

自序

「為什麼妳會選擇當婦產科醫師呢？」有很多人會問我這個問題。

孕育生命的過程非常奇妙，是自然界的偉大傑作，而能夠在這個充滿奇蹟的過程，協助孕婦順利生產，我認為是件很有成就感的事。

至於選擇婦產科的理由，其實與我的父親有關。家父是位小兒科醫師，從小，我就在家父自己執業的診所，看到很多的小孩。在診間或病房裡傳來的童言童語，讓我感到很有趣，自己也變得越來越喜歡小孩。

當我念完醫學院後，選擇了與父親不同的科別，主要是希望能有別於父親的成就，因此決定當小兒科的上游，也就是「婦產科」。因為在婦產科需要進行像剖腹產與婦科問題等手術，必須要會開刀，但小兒科醫師並不需要開刀，所以，以前總感覺婦產科比小兒科厲害。

等到我自己開始看診之後，深感婦產科醫師要肩負的責任真的很重大。為了聽見嬰兒有如天籟般的第一聲哭啼，婦產科醫師必須對肩難產、羊水栓塞、產後出血……等等狀況謹慎小心，而且還常常得在午夜時趕著出診、黎明時緊急開刀。但是，即便歷經這些辛苦的過程，在看到媽媽順利誕生寶寶後的喜悅，一切就值得了。

現代女性的婚齡越來越晚，因此高齡產婦也漸漸增多，而我自己也是比較晚婚，自然地就成了高齡產婦一族。一般人總認為高齡產婦風險較大，由於自己是婦產科醫師，學習了很多相關的專業知識，因此知道該怎麼去調控孕程生活，當個健康快樂的孕媽咪。所以，一直到生產前夕，我都正常的看診與開刀，

並沒有請假。

此外，在懷孕初期，我並沒有出現惱人的孕吐，到了懷孕中、後期也沒有出現腰痠背痛的困擾。整個孕期除了攝取均衡飲食、補充孕婦專用的維生素之外，還維持正常的工作與活動，將體重的增加控制在大約 14 公斤，可説是相當平順。當時一直以為可以自然產，後來發現破水到醫院待產時，因為寶寶遲遲不出來而進行催生，但是子宮頸依舊停留在 7 公分，最後只好進行剖腹產。

身為婦產科醫師，雖然專業知識可以讓孕程順利，但是生產時還是不免吃了「全餐」，幸好寶寶健康出生，體重也超過 3,600 公克。我非常感謝老公與家人在懷孕期間的支持及許多同仁的幫忙，以及坐月子時，公婆與母親的照顧，最後也要感謝父親帶給我的啟蒙，讓我成為一名婦產科醫師。

雖然高齡產婦本身風險偏高，其實只要與醫師良好配合、定期產檢，並且保持睡眠正常、營養均衡，一定可以生出優生寶寶。

希望藉由這本書將自己的專業知識與經驗分享給各位美麗的孕媽咪，讓更多想要懷孕，或已經懷孕的女性們，能夠度過一個健康、愉快的備孕待產過程，開心迎接人生中的下一個里程碑。

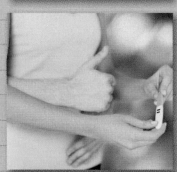

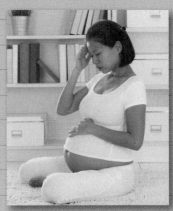

Part3 產期
分辨產兆・注意產期・自然產還是剖腹產？

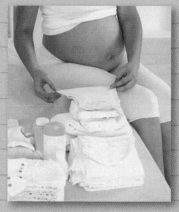

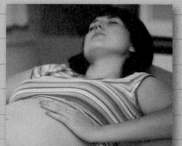

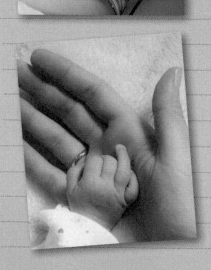

72 產兆出現了嗎？
　　♥ 分娩前 4 大徵兆
　　好孕小知識：宮口開幾指才能去待產？

76 預產期過了還不生？我想卸貨了！
　　♥ 過期妊娠的影響
　　♥ 過了預產期，該去催生嗎？
　　♥ 多爬樓梯有助生產嗎？
　　好孕小知識：引產跟催生有什麼不一樣？

79 選擇適合自己的生產方式
　　♥ 生產方式比一比
　　♥ 哪些人適合剖腹產
　　♥ 胎位可以喬正嗎？
　　♥ 前置胎盤
　　♥ 胎盤早期剝離
　　好孕小知識：一次剖腹產，終生剖腹產？

86 安妮醫師的美麗好孕叮嚀
　　♥ 事先準備生產包
　　♥ 生產前的準備工作
　　♥ 分娩時的注意事項
　　好孕小知識：該不該選擇無痛分娩？

93 **好孕媽咪總複習**

Part 1
孕前
好孕有方 · 調整心情 · 破解迷思 · 小心生育殺手！

準備懷孕之前，有些事妳一定要知道

　　所謂的高齡產婦，是指生產年齡超過三十四歲以上的女性。

　　很多這個年齡來醫院求診的女性，她們開口第一句話最常問道：「醫師，我和老公想要生小孩，但我怕自己是高齡產婦，生出來的小孩會不會不健康？」看到想要當媽媽的她們，卻是一臉憂心忡忡的模樣，總是很令我感到心疼，懷孕生產本來應該是一件充滿幸福喜悅的事啊！

　　身為高齡產婦往往會有較多的擔憂與顧慮，雖然以現實狀況來看，年紀越大，生理機能和體力自然會明顯變差，也容易讓高齡產婦比年輕媽媽出現更多懷孕時的不適現象與狀況。其實只要在準備懷孕前做好重要的功課，把自己的身體健康調整到最佳狀態，也無須那麼擔憂，就讓我們一起來看看該怎麼準備一個安心的懷孕計畫。

♥ 好孕，其實有方法

「我和我老公已經是晚婚，因此一直計畫要生個小孩，我們都想有個優生寶寶，希望寶寶的健康以及各方面狀況都最佳，請問郭醫生我們該注意什麼呢？」初為人母的曉晶，在懷孕之前就和老公先來找我做過孕前的諮詢。

其實，想要生個優生寶寶，可不是懷孕之後才開始的喔！在懷孕之前，母親就必須將自己調整到良好的狀態，所以最好提前幾個月就開始為懷孕做準備，如此一來，改變飲食和生活方式才會有顯著的效果。

生個健康的優生寶寶是每個媽咪的期望。

孕前正確調理身體

現代人雖然營養豐盛，卻不一定吃得正確，所以孕前調理身體是有其必要性的，當身體調理好了，才能健康地孕育小寶寶。尤其，近年來從食材到醬料的食安問題一一浮現，許多人都苦惱該怎麼吃才好，我建議有計畫要懷孕的女性要以「低卡、高營養、不油膩」為飲食原則，而且應該盡量選用新鮮且天然的食物，避免食用含添加劑、色素、防腐劑的食品。除此之外，還有以下幾點要注意：

✿ 適量飲用咖啡

許多女性都喜歡喝咖啡提神，尤其需要熬夜加班時，濃郁的咖啡彷彿也舒緩了壓力。雖然並無研究證明喝咖啡會導致不孕，但是建議適量飲用較好，因為過量的咖啡因是引起骨質疏鬆症的危險因子之一，對於計畫要懷孕的女性來說，要盡量避免鈣質的

流失，才能儲存懷孕時的「骨本」。

✿ 遠離菸害環境

　　抽菸容易造成胎兒早產、流產、新生兒低體重等危險，就連二手菸也會對胎兒造成不良影響，即使父母在門外或陽台吸菸，寶寶體內的可丁尼（cotinine，尼古丁代謝物）比起不吸菸父母的寶寶多七倍。如果有抽菸習慣的父母，不僅傷害自己也容易讓寶寶置身危險之中，所以最好在懷孕之前就開始戒菸。

✿ 不沾染酗酒惡習

　　習慣性過度飲酒的女性會降低受孕的機率，如果懷孕了還是經常性飲酒，也會使孕程出現許多問題，如流產、胎盤早期剝離，還會影響胎兒的發育、智力低下、出生體重過輕、早產等等，嚴重的話甚至會產生胎兒酒精中毒症候群。因為，酒精在子宮內羊水的濃度跟媽媽是一樣的，但是因為胎兒代謝慢，所以影響程度會比媽媽大。

　　由於菸、酒無法一下子就戒掉，

透過飲食打造適合受孕的體質。

所以建議想要懷孕的話，在受孕前要先開始戒掉這些習慣。而咖啡也是一樣，一般來說，孕期攝取咖啡因的量，應控制在一天少於 300 毫克以內。習慣一天喝兩、三杯以上咖啡的女性，如果計劃懷孕就要慢慢減量，避免懷孕後戒不掉咖啡癮。

✿ 孕前維生素補充劑

　　有些求子心切的女性，拼命吃各種維生素，其實孕前補充營養也是因

人而異，可千萬不要盲目進補，應在做孕前檢查時，向醫生諮詢一下妳需要補充哪種維生素。一般來說，在懷孕前可以開始補充葉酸，這是維他命B的一種，有助於防止胎兒發生神經管缺陷，但是葉酸並不是多多益善，也要遵照醫師指示服用。而身體瘦弱或有貧血的女性則可以多補充一些營養素，如鐵、鈣等等，以便增強體質。如果有抽菸、喝酒的習慣，可以多補充維他命C，降低流產機率。此外，建議素食者可改成奶蛋素，並補充維他命B12，以增加不足的營養素。

孕前只要保持飲食的均衡營養、食物的豐富新鮮、不要偏食、更不可暴飲暴食，自然可以將母體調整為健康狀態。健康的身體，不但能有效提高受孕機率，還能降低罹患如高血壓、糖尿病、甲狀腺問題等慢性疾病的風險，避免將來造成媽媽和胎兒可能引發的各類慢性疾病併發症，包括妊娠高血壓、妊娠糖尿病、子癇前症、前置胎盤、胎盤早期剝離等等。

關注體重標準

體重不足或過胖都會影響妳的生育能力，如果想要提高自己受孕的機率，那麼在計畫懷孕時就應該把體重慢慢調整到健康的狀態。

如果體重太輕，那就得想辦法讓自己長點肉了，但是狂吃高油脂、高熱量的食物，並不能讓身體獲取所需要的重要維生素和礦物質，應該均衡飲食。

如果原本體重就超過標準，這段期間請控制好體重，千萬不要用不正當的減肥方式來達到瘦身目的，很多女性過度減肥的結果，導致月經周期紊亂、月經量減少，造成排卵障礙，難以懷孕。

有些女性擔心懷孕後變胖，在懷孕前就先瘋狂減肥，其實孕期也能不胖媽媽而胖寶寶，後面章節將會介紹孕期如何「只養胎而不養肉」的方法。

遠離不良生活作息

來做孕前諮詢的曉晶告訴我，為了準

備「孕前功課」，夫妻倆人「一切以懷孕為中心」，下班後不但不看電視、電腦、更不滑手機，每天都是聽聽音樂、看看書，要不就是爬山、健身。此外，對老公還嚴格要求，戒菸、戒酒之外，還要戒咖啡、戒可樂；婆婆更是緊張，一直說懷孕前要多休息，讓她乾脆辭掉工作，在家專心調養身體。總之，搞得兩個人都神經緊繃，生活品質變了調。

繁忙的生活步調，加上多采多姿的夜生活，讓許多女性結婚後，依舊維持熬夜、不正常用餐等習慣，我常常建議來看診的人，調整一下生活習慣，不要讓熬夜打亂自己的生理時鐘，造成排卵期異常；也別讓不正常用餐時間造成身體負擔。

聽到曉晶生活的「高標準、嚴要求」，我不禁搖搖頭，其實懷孕前的準備完全沒有必要像曉晶這樣緊張兮

與另一半共同為懷孕而努力，但可別反而造成彼此的心理負擔喔！

兮,在計劃懷孕的階段,的確應該先將生活作息調整一下,因為只有良好的作息與飲食,才能提高受孕機率,也才能確保將來有個優生寶寶。但是如果因此而造成壓力,反而會影響情緒,嚴重者甚至會影響到精子和卵子的質量。

運動鍛鍊身體

現代人出門坐車,如果工作又

適度運動可調適身心。

是久坐辦公室的話,長期下去自然會影響精子和卵子的品質。因此當妳開始為懷孕做準備時,那麼就要制訂一個適宜的健身計劃,這跟飲食一樣重要,因為女性在計劃懷孕前的一段時間內,進行有規律的運動,可以避免懷孕早期發生流產。而且,還能減輕孕媽咪分娩時的難度和痛苦,有助於以後順利地分娩。

一些高齡產婦常常抱怨體力不如從前,尤其是生養第二胎的婦女,更能感受在照顧寶寶時,不像第一胎來得輕鬆,所以在懷孕前就可以開始鍛鍊身體了。適合的運動諸如:跑步、慢跑、散步、游泳、騎自行車以及有氧運動等都非常不錯。當然,如果平時沒有在練身體的,也要避免太過激烈的運動,別讓身體感到太疲勞。

假如想一圓擁有小孩的心願,希望「好孕」趕快降臨,那麼,請從現在起,一點一點有意識地調整自己的飲食習慣、生活作息,讓身體保持在最佳狀態中吧!

♥ 小心身邊的生育殺手

愛美是女人的天性，為了讓自己看起來更顯時尚，許多人隔一陣子就會換個髮型，不論是燙波浪捲，或是離子燙，甚至染上流行色，就是要造型不斷的求新求變。此外，還有炫麗的美妝、五顏六色的指甲油，這些產品大多含有化學物質成分，究竟對受孕會不會造成影響呢？

想懷孕的愛美女性要慎選化妝品。

愛美也要注意品質

「醫生，你幫我看看這些保養品，會不會影響到胎兒呢？」小美帶了一堆塗的、抹的產品到婦產科的診間。

看到她急忙從包包裡拿出大罐小罐的保養品，我告訴她：「其實使用原則很簡單，不論哪種產品懷孕期間嚴禁使用Ａ酸和水楊酸，所以只要你看到標示有這兩種成分的，通通別用了唷！因為這些成分會導致胎兒畸形。」

各式各樣的化妝品、保養品功能越來越多，指甲油也越鮮豔，這些產品都添加了各種化學物質，根據實驗研究，鄰苯二甲酸二丁酯（Dibutyl phthalate，DBP）容易造成胎兒畸形。而且有些化學物質可能經皮膚吸收後進入血液循環，也會干擾了正常的懷孕，所以想懷孕的話，我建議最好選

擇淡妝、不要太多香料的產品，以減少對身體的刺激。懷孕之後，更是需要慎選孕婦可以使用的產品，才能確保母子的健康。

也有很多人會問：「染髮和燙髮會不會影響懷孕或胎兒呢？」由於目前並沒有臨床上的實證，但是為求心安，如果懷孕了，就盡量不要染、燙頭髮。

消除來自環境的危險

大家都知道一些疾病容易造成不孕，但是除了本身的體質因素，生活周遭的環境其實也會對你和尚未出世的寶寶產生危害。拜日新月異的科技所賜，電腦、手機、微波爐⋯⋯等已經是家家戶戶常見的電器用品，生活因此越來越便利，但是大家對於電磁波、輻射線是否造成不孕，或是對孕婦有所危害也日益關切。

其中，最常被問到的就是關於「電腦是否是生育殺手」這個問題。電腦是一個相當常用的產品，尤其坐在電腦前工作的女性為數可不少。雖然電腦的輻射量不高，不過我個人倒是認為，不只是想懷孕的女性不宜整日坐在電腦前，男性也應該多起來走動，避免整日精神緊張，影響卵子及精子的質量。

其他如微波爐、吹風機之類的電器，使用時會發出有害人體的電磁波，雖然沒有明顯數據顯示會導致不孕，但是對身體畢竟不是好的，因此使用時，最好儘量保持一定的距離。

X 光能不能照

「計畫懷孕期間，我們夫妻倆是否不能照 X 光，那麼健康檢查怎麼辦呢？」

「我前一陣子剛照了 X 光，後來才發現自己懷孕了，這樣會不會影響胎兒？我一定要拿掉孩子嗎？」

面對此類問題，我都會先仔細說明 X 光與懷孕的關係。一般來說，X 光依照醫療型態可分為兩大類：

·診斷型 X 光（例如：牙科、胸腔科

的檢查）

‧治療型 X 光（例如：癌症的放射線
　治療）

　　X 光的放射線測量單位稱為雷得
（rad），目前醫學界認定對胎兒造成
影響的 X 光劑量是 5 雷得，只照一次
診斷型 X 光的劑量通常遠低於 5 雷得，
人體吸收的輻射量很低，並不會造成
健康的危害。若懷孕早期的孕婦不小
心照了 X 光，只要是屬於診斷型 X 光，

不須太過擔憂，如果不放心，可到醫
院產檢追蹤，以盡早發現問題。

　　當然，如果有告知醫師懷孕，醫
師也會考慮以其他方式來為孕婦做檢
查。因為懷孕早期寶寶的各種器官組
織正在發育，此時容易受到 X 光的影
響，可能會產生先天性畸形、流產……
等問題。所以，如果醫師診治需要照
X 光時，請充分做好保護措施，讓 X
光對胎兒的影響降至最低。

好孕 小知識

避孕藥停多久才能懷孕？

　　現在的新型避孕藥，不論使用時間的長短，並不會影響女性的生育能
力，所以停藥後只要月經開始正常出現，就表示已經恢復排卵功能，不
須等待一年半載才能懷孕！

　　但如果在不知道自己已經懷孕的情況下吃了避孕藥，到底該不該留住
寶寶呢？

　　目前，國內外並沒有任何研究數據顯示避孕藥對胎兒產生影響，如果
擔心的話，建議在產檢時告知醫師，並做一些詳細的檢查。

♥ 調適孕前好心情

現代的女生都很重視自己的工作和生活，所以好不容易找到心愛的他，決定步入婚姻、走入人生另一個階段時，往往都已年過 30，甚至現在 25 歲以前結婚，還會被視為早婚呢！因此生產年齡也都越來越高，所以如何當一位快樂又自在的高齡產婦也是很重要的課題。

高齡產婦也有很多優勢喔！

年齡不是懷孕的阻礙

「是不是年齡越大，懷孕越困難？」這是一般人錯誤的迷思，準備懷孕可不是一個人的事情，而是夫妻雙方的共同課題，因此絕非以年齡來當作懷孕問題的癥結點。

如果只有一人心心念念地準備懷孕，也是無法順利受孕的，而且當女性長期處於壓力緊張的情緒中，勢必會影響正常的排卵，反而降低了受孕的機率。同樣的，如果男性的狀態不佳，也是會影響受孕的機率。從準備懷孕開始，對夫妻倆來說就是一件幸福的事情，受孕應該在輕鬆愉快的環境下完成。所以，拋開心理壓力和工作壓力吧！想要受孕，首先要保持心情愉快和身體健康。有許多實例都證明，越是著急，越是難以懷孕喔！

當全家人都用一種快樂的心情來看待這件事，才能迎接健康、可愛、活潑的寶貝！

正面積極的心態

「聽說高齡產婦既辛苦又危險，好令人擔憂，怎麼辦？」在診間聽著一位熟女憂心忡忡地對我訴說著她的心情。

有許多人不免擔心自己身體復原力和體力都大不如前，因此生產過後不但容易身材走樣，也缺乏精神和力氣帶小孩，這種種顧慮使得要成為高齡產婦，確實需要鼓起很大的勇氣。

也有不少人擔心高齡產婦的自然流產率和生下畸胎兒的比例比較高，但是只要孕前檢查的各項指標無異常，那麼備孕、懷孕、生產就是沒有問題的。

還有人煩惱著高齡產婦在懷孕期間，比適齡產婦容易有不適的症狀。我認為每個人的體質都不一樣，所以每個人的孕期變化也都不太相同。有人孕期會很辛苦，孕吐、耳鳴各種不適感層出不窮；但也有些人的孕期就完全沒有問題，能吃能喝地度過懷胎期間。

與其老是關注在孕期的症狀，還不如從計畫懷孕時就開始準備自己的體力與體質：適量的運動、均衡的飲食、積極的心態，才能快樂地迎接小寶寶的到來。

熟齡媽媽才有的優勢

高齡產婦們也不用只往壞處想，我認為好處其實也不少呢！例如熟齡新手媽媽通常有豐富的社會歷練和成熟的心智，在情緒控管和處事能力方面較為得心應手，因此往往比起像是「小朋友帶小朋友」的年輕媽媽能更快進入狀況。此外，由於高齡產婦普遍在經濟條件上也都不錯，能夠有更充足的資源來照顧與教育孩子，例如可以請褓姆來幫忙，減少精神和體力方面的負擔。

當高齡產婦一旦有了小孩，會讓生活變得更多采多姿，不但不容易與社會脫節，心境自然也會年輕許多，誰說高齡產婦不能是一個活力十足的辣媽咪！

♥ 打破不孕迷思

懷孕生子是老天爺賜予女性獨有的天賦，有時卻也是甜蜜又沉重的負荷，尤其是看到夫妻倆很期待小寶貝的降臨，但太太的肚子卻始終沒有任何動靜時，很多女性除了感到擔憂、焦慮之外，甚至會覺得是自己有問題而自責不已。

何謂不孕症？

好真憂心的問：「醫師，怎麼結婚以後肚子都沒動靜，難道我有不孕症嗎？」

一聽到她的疑問，我問道：「請問你們結婚多久呢？」

好真嘆了口氣說：「我們已經結婚半年多了！」

像好真這樣的女性，其實不少，所以，讓我們先瞭解一下不孕症的定義，一般來說夫妻之間有正常的性行為，在沒有避孕的情況下，經過一年都沒有受孕成功，才算是不孕症。不過，大家可別被這三個字給嚇壞了，以為被診斷為不孕症，就表示生孩子的機會渺茫，追求共享天倫之樂的美夢會就此破滅，因為不孕症只是「不容易懷孕」，不要把它跟「完全無法受孕」畫上等號。

想想看，懷孕得要歷經排卵、受精、著床等繁多過程，但只要任何一個環節出了問題，就可能導致不孕，由此可見，一對夫妻能順利懷孕生產，生下一個健健康康的寶寶，真的可以說是上天的恩賜，是何其幸運的事情。

不孕症的生理因素

小鳳結婚一年多以來，一直想要有個小孩，卻遲遲沒有懷孕。來我的診間檢查時，她擔心的問我：「經

痛與不規則問題，是不是容易造成不孕？」因為她每次月經來時總是疼痛不堪，有時嚴重一點，連站都站不起來，而且每次月經都拖好幾天才結束，跟先生做親密的事情時，還會感覺到疼痛。

經過診斷檢查發現，小鳳罹患婦女常見的「子宮內膜異位症」，由於現代文明社會普遍晚婚、生育次數也比較少，使得「子宮內膜異位症」也越來越常見。

「子宮內膜異位症」是指原本應該在子宮裡面的內膜組織，跑到子宮以外的地方，包括散落在腹腔、腹膜表面，如果長到了卵巢就成為「巧克力囊腫」，而長在子宮肌層則是「子宮肌腺症」，它會造成月經來時的經痛、腰痠背痛、腹瀉等現象，有些人還會在性交時發生疼痛，甚至造成不孕，不但使患者的日常生活感到困擾，有時就連婚姻關係也會因此受到影響。

如果發現自己有上面所提到的

遲遲不出現兩條線，讓人真心慌。

現象，最好是及早做個檢查，尤其是初期內膜異位還不至於影響到懷孕功能，就要把握治療黃金期。初步可以透過抽血檢驗或是內診的方式，而腹腔鏡檢查、超音波檢查則可找出體內囊腫的位置，若有需要再更進一步做子宮內膜異位的確診時，就要透過腹腔鏡檢查和病理化驗細胞組織，才能更加確定。

目前，「子宮內膜異位症」的治療方式，較輕微者可以利用皮下注射性腺荷爾蒙刺激素類似劑「柳菩林」（Leuplin），達到抑制腦下垂體功能及卵巢激素分泌作用，可使得動情素狀態低落，讓子宮內膜異位自行產生萎縮；這種藥物通常會讓患者有假性懷孕的停經狀態；而口服藥則有兩種選擇，一種為「療得高」（Danazol），另一種是「黛美痊」（Gestrinone）。

當需要進行手術來割除子宮內膜異位的囊腫時，可選擇腹腔鏡治療方式，因傷口較小，會比傳統開腹手術的恢復期及住院時間快速縮短許多。但還有一點大家一定要知道，那就是進行腹腔鏡手術並非一勞永逸，子宮內膜異位症有可能會再復發，所以手術後的一年內是懷孕黃金期。

會發生不孕症的原因既多又複雜，有可能是太太或先生一方的因素，甚至和夫妻兩人都有關連。女性最常見的生理問題包括子宮內膜異位、子宮頸沾黏、子宮或輸卵管異常、排卵不正常……等等。

至於男性造成不孕的主要原因，是和精蟲是否健康、活躍，以及運送、排出時是否有障礙有關。如果是屬於性功能異常，如勃起障礙問題，可以利用藥物治療，而若是精蟲不健康或是無法在體內射精，並在經過藥物治療後，還是無法達到明顯改善的效果時，就會建議考慮採取人工受孕的方式。

不孕絕對不是單方因素，夫妻應一同就醫找出原因。

不孕症的心理因素

發生在生理方面的不孕問題,我們多半可以透過各種檢查方式來找出原因,再提出治療解決方法,但現在有越來越多夫妻,並不是因為生殖系統不健康,而是壓力太大造成不孕,光是在我的診所裡,這類的實際案例就不少。

曾經就有好幾個前來求診的婦女,都是因為丈夫是家裡的獨子,因此最常聽到的抱怨就是:「從一結婚開始,公公、婆婆甚至是親戚朋友就

十分關注我的肚子是否有動靜,尤其是每個月婆婆都會詢問我月經有沒有來,只要一看見我點頭,她立刻就會露出失望透頂的表情轉身離開,直到有一天,她實在忍無可忍了,叫我來醫院檢查看看是不是哪裡有問題,所以才生不出小孩。」

光是聽到這樣的描述,就不難想像她們所面臨的壓力有多大,尤其是這些夫妻通常又是和公婆同住,天天在家人過度關心的注視下,一舉一動都像有人在監視著,做那檔事變成像是在交差,還有人則是為了能夠提高受孕機會,甚至照表操課,把老公當成了種馬,搞得夫妻之間一點情趣也沒有,孩子還沒來報到,就已造成夫妻的感情失和,那是多划不來的一件事啊!

然而有趣的是,也有些例子是夫妻倆經過許多努力,仍然生不出孩子,於是決定放棄,結果不久後反而就傳來了懷孕的好消息。有人會說,難道這一切都是老天爺愛捉弄人嗎?其實

顯而易見，像這樣的不孕症，往往都是心理壓力所導致，不然怎麼會同樣有很多未婚男女，是因偷嘗禁果而意外懷孕、奉子成婚？可見性生活美滿愉快，有時才是治療不孕的特效藥！

不孕也能求子成功

年紀越大越不容易受孕，像是35歲的女性，懷孕機會大約是25歲的一半，超過40歲以後，機率更是下降到三分之一，這是非常現實又殘酷的事實，因此我常常會勸來看診的女性朋友們，如果有想要生小孩的念頭，越早計劃越好。

建議各位女性朋友們，最好的方式，當然還是預防重於治療，除了平時注意飲食正常均衡外，也要先檢查清楚是哪邊出了問題，很多不孕症的原因都是可以解決的，還是有機會能順利懷孕的！

積極求子之餘也要放鬆心情，或許才是最好的良方。

子宮肌瘤對懷孕的影響

很多病患容易將「子宮肌腺症」和「子宮肌瘤」混淆。子宮肌瘤是源於一個不正常的細胞，造成子宮平滑肌增生的良性腫瘤。在雌激素的刺激下成倍增生，在進行肌瘤切除術時可以切除整個腫瘤病灶組織，並不會傷害到周圍正常肌肉組織。

而「子宮肌腺症」因為不是單獨的腫瘤，所以無法只切除肌腺瘤侵犯的組織而沒有切到肌肉組織。

大部分的子宮肌瘤是良性腫瘤，所以並不是所有的子宮肌瘤都需要切除子宮或是開刀。而部分「子宮肌瘤」可能會讓女性不易受孕，或受孕後不易著床，因此可先嘗試自然懷孕，如果試過一段時間仍不能懷孕或懷孕後容易流產，就要考慮手術治療。

此外，根據研究顯示，有 20 ～ 25 % 的肌瘤會在兩年內復發。所以，手術後必須定期回診做超音波，以確定肌瘤是否有復發。如果有復發而再度造成明顯的症狀，仍須接受手術或藥物治療。

由於子宮肌瘤發生的原因至今還不明確，所以並沒有很好及有效的預防方法。而且也不是所有的婦女都會長肌瘤，絕大部分的肌瘤（一半以上）是沒有症狀的，不須任何治療，所以不必太過擔心！

雖然子宮肌瘤算是普遍的婦女疾病，但是大部分的肌瘤僅需要長期的追蹤觀察就好，而不須任何治療。若是有症狀的肌瘤，像長太大或是有壓迫到其他器官的症狀、或經血過多造成貧血現象，，就要開刀切除。假如是因為長子宮肌瘤而造成不孕，一定要請婦產科醫師診治，千萬不要諱疾忌醫，以免耽誤病情喔！

安妮醫師的
美麗好孕叮嚀

「恭喜你們結婚！對了，聽說準備懷孕之前，要做個孕前檢查呢！」美瑄的同事熱心說道。

「我們身體都很健康，沒必要做孕前檢查吧！」美瑄覺得夫妻倆的身體都很健康，根本就不需要做孕前檢查。

這可是錯誤的觀念喔！孕前檢查並非只有不健康的人應該要做，也不是只有女性才需要做，而是所有計劃懷孕的夫妻都要進行的檢查。

孕前檢查是優生的第一步

現代醫學相當進步，讓許多女性降低了懷孕生產的風險，也能預防某些遺傳性疾病，因此，婚前、孕前檢查及諮詢就顯得格外重要。不論是正值生育年齡的男女，或是高齡朋友們，做好萬全的生理及心理準備，才能確保孕程能夠順利，預約一個健康的寶寶。

有位結婚多年卻遲遲未懷孕的女性，一直很苦惱，來我的門診時，我問她之前做過什麼檢查或看過哪類的醫生，結果她說她什麼也沒做。

後來，我為這對夫妻做了非常完善且精細的檢查，並確認子宮的狀況和排卵的情況等等，他們也定期回來做檢查，後來終於順利的懷了第

一個小寶寶。其實，很多夫妻都忽略了可以到婦產科借助醫師的專業協助。在台灣，拜健保之賜，每位孕婦都享有產前檢查的權益。事實上，做好準備、掌握正確資訊，懷孕不再是冒險，幸福的媽媽才能孕育快樂的下一代！只有夫妻都到醫院進行身體檢查，才能提高生出一個健康寶寶的機率。

懷孕是人生大事，每位女性都可能面對它，為了確保媽媽和胎兒的健康，最好能提早在懷孕前甚至結婚之前進行，對夫妻以及孩子都是最佳保障。

孕前千萬別忘看牙醫

很多孕婦都會問我：「懷孕可以看牙嗎？」「可以服用牙科藥物嗎？」「麻醉藥會不會影響胎兒健康？」

有些人在孕期容易併發牙病，因為孕媽咪體內的荷爾蒙發生改變，甚至造成牙齦浮腫等等問題。建議女性在懷孕前要進行口腔科檢查，盡量避免在懷孕的初期或末期做治療。

高齡不是問題，健康才是重點

身體健康才能健全的孕育下一代，現在不論高齡或年輕的女性都越來越重視優生學，因此，如果懷孕之後才發現自己身體狀況不好，需要在冒險留下寶寶還是終止妊娠中兩難，就得不償失了。

所以，建議女性朋友準備懷孕期間就去醫院做專業的孕前檢查，以期望在孕期平平安安，生下健康可愛的寶寶。

好孕 小知識

孕前應該接受哪些檢查呢？

孕前檢查的許多項目都與能否順利懷孕以及孕育胚胎的質量息息相關。
檢查的項目包含：

1. **個人健康諮詢**：職業、藥物史、吸菸史、飲酒史、個人疾病史以及
   家族遺傳疾病史等等。

2. **基本健康檢查**：身高、體重、血壓、視力、色盲、聽力鑑定、內外
   科身體檢查、胸部Ｘ光檢查、血液、尿液、糞便、血清生化、血清
   免疫、心電圖、超音波（腸道及婦科）、子宮頸抹片檢查、甲狀腺
   功能檢查。

3. **遺傳性疾病檢查**：包括血友病、海洋性貧血篩檢及其他家族疾病史
   的檢查。

4. **傳染性疾病檢查**：結核病、梅毒、淋病、肝炎、德國麻疹、愛滋病、
   水痘等。

5. **精神疾病的評估**：透過身心評估以確認是否有精神方面的問題。

6. **精液分析檢查**：了解精蟲的品質。

預防女性不孕，孕前檢查是很重要的一環，時下很多女性都羞於進行
此類檢查，殊不知這可是關係到後代的健康與幸福呢！

♥ 計劃懷孕時的準備事項

1. 做好孕前檢查，若是不孕症，請夫妻雙方都要檢查。
2. 事先做病毒疫苗預防注射，獲得抗體後再考慮懷孕。
3. 檢查、治療牙齒。
4. 養成良好飲食習慣，均衡攝取各種類食物。
5. 拒絕菸、酒及藥物。
6. 減少咖啡因的攝取。
7. 控制體重，不要過胖，也不要太輕。
8. 規律運動。
9. 調整生活方式，養成良好作息，盡量不要熬夜。
10. 閱讀懷孕相關書籍。

♥ 成功懷孕的教戰守則

1. 停止使用避孕藥。
2. 計算出排卵日。
3. 測量基礎體溫。
4. 補充葉酸。
5. 放鬆心情。
6. 調整性生活頻率。
7. 遠離化學和放射性物質的工作環境。
8. 避免到人多的地方，以免病毒和細菌感染。

Part 2
孕期
紓解不適症狀・留意併發症・
養胎不養肉・小心用藥！

為了寶寶也為了自己──孕期保養與提醒

　　結婚生子是人生大事，「結婚」需要花時間籌備婚宴與溝通，「懷孕」當然也要花時間做些功課。

　　高齡產婦通常身兼職業婦女與孕媽咪的角色，在懷孕期間除了身體發生變化之外，心情上亦或多或少受到影響，因此在忙碌的生活中，如何能安心懷孕是大家共同關心的問題。

　　當孕媽咪沉浸在為人母的喜悅時，對於未來許多身心變化必定充滿著疑惑與擔心，例如：懷孕這段期間，產檢如何進行？該怎麼吃才營養？懷孕中該注意什麼併發症？如何保養自己的身體？

　　這時最好借助專業的說明來化解，本章節依照不同時期的狀況，提供簡單易懂的解決方法。

♥ 懷孕的不適症狀

當驗孕棒出現了兩條線，準媽媽獲知懷孕時總是充滿了喜悅與感動，但是馬上伴隨而來的種種不適症狀，又讓人擔心整個孕期會不會是個難熬的時光。其實，每個準媽媽遇到的徵狀都不一樣，因此也不用過度緊張，下面就一一為大家說明懷孕之後身體發生的一些變化，並提供一些紓解的方法吧！

別擔心，懷孕初期的不適症狀會慢慢緩解。

懷孕初期（1～3個月）

✿ 噁心、嘔吐感

小真懷孕2個月，來我的診間時，已經1週以上沒有好好進食了。她無奈的說：「吃什麼都吐，早上起來時孕吐最嚴重，老公怕我沒體力，讓我多喝點牛奶，結果我聞到奶味更覺得噁心。醫師這會影響寶寶的健康嗎？」她不是擔心自己的體力，反而先關心起寶寶的健康，我想這就是母性的本能吧！

我對她解釋：「懷孕初期胎兒還處於器官形成階段，對營養的需求相對後期要少，所以不用太擔心，一般到孕期第16週之後，噁心、嘔吐的症狀就會慢慢緩解。」聽完我的說明，她才鬆一口氣。

孕吐原因眾說紛紜，主要是由於女性在懷孕之後，身體各項運作功能，

例如體內的荷爾蒙分泌增加，黃體素也大量分泌以穩定子宮，所以影響了腸胃道平滑肌的蠕動，出現反胃、噁心等現象。不過這些徵狀都是因人而異，有些人相當輕微，有的人則很嚴重，我還遇過一些準媽媽第一胎不會吐，第二胎會吐的情況呢！

一般來說這是懷孕初期的正常現象，不用太過緊張，但是如果嚴重孕吐到連水都不能喝，就要請醫生評估是否需要住院。當孕媽咪體重下降5公斤以上、電解質不平衡，並出現酮尿狀況時就需要住院打點滴，以補充水分。

紓解方式

1. 吃些味道清淡的食物

試著吃些清爽的食物，氣味沒有那麼強烈。避免吃高脂肪、油炸類的食物，因為它們需要更長的時間才能消化。

2. 少量多餐

空腹反而容易引起噁心，所以在不強迫自己的情況下，不管什麼食物

多少吃一些，即使這些食物營養價值不高也沒關係。少量多餐的方式可以讓孕吐的準媽媽隨時保有一些體力。

3. 小口喝水

預防脫水非常重要，如果吐得很頻繁，可以嘗試含有葡萄糖、鹽、鉀的運動飲料，幫助補充流失的電解質。但是，也不要吃太多流質的食物，可吃乾食，如土司、蘇打餅乾等以減緩孕吐。

4. 適當活動舒緩

整天食慾不佳、心情低落、精神不振，所以不想出門嗎？其實，外出走走轉移注意力，也是不錯的方法，當然最好量力而為，如果有下腹不舒服、下墜感等情形，就回家或找個地方休息一下。

✿ 容易疲倦、想睡覺

在這個階段，荷爾蒙的變化，容易出現疲累或是昏昏欲睡的情況，最好的對策就是多休息，如果是職業婦女，千萬不要太過勉強自己，要有充足的睡眠。我自己在懷孕初期，也是

特別容易疲倦，通常我也會多休息以減輕身體的負擔。

紓解方式

最好的對策就是多休息，如果是職業婦女，千萬不要太過勉強自己，要有充足的睡眠。

✿ 頻尿

「醫師，我最近一直想上廁所，次數頻繁到主管都來關切我了，真的是很尷尬⋯⋯」一位準媽媽沮喪的跟我提起她的狀況。

我安慰她說：「懷孕時，因為膀胱受到日益擴大的子宮壓迫，因此一直產生尿意，這是很正常的現象。千萬不要為了面子憋尿，如果導致引發尿道炎或膀胱炎，反而不好唷！」

紓解方式

一般來說，懷孕初期跟後期都容易有頻尿現象，建議準媽媽們白天時多喝一些水，臨睡前 2 小時內盡量不要喝水，以減少半夜起來的次數，影響睡眠品質。

✿ 泌尿道感染

懷孕時因為子宮增大壓迫膀胱、輸尿管，使膀胱不易排空尿液，造成尿液滯留，讓細菌有了滋生的機會，容易引發「泌尿道感染」。孕媽咪若未妥善治療的話，可能會因而惡化成「腎臟炎」，造成媽媽和寶寶的威脅。如果在懷孕前就有反覆感染的孕媽咪，也要在產檢時告知醫師，並請醫師進行細菌篩檢，藉以預防「腎臟炎」的發生。

紓解方式

泌尿道保健和預防感染措施：

1. 每天以少量多次的方式飲用 2 公升的水，藉以增加尿量，可沖離泌尿道的細菌，減少感染的機會。對於長期久坐或久站的工作，可千萬不要憋尿，容易引發感染。

2. 少穿著緊身褲、束褲、褲襪，多穿著棉質內衣褲，讓陰道和尿道保持乾爽不悶熱，以免細菌、黴菌孳生。

3. 多攝取蔓越莓及含維生素 C 的食物。

✿ 頭暈目眩

懷孕之後，不但味蕾變得敏銳，感覺也比一般人敏銳，因此如果在空氣不流通，或是較擁擠的公共場所，就容易引起頭暈目眩的狀況。此外，有些本身就有貧血症狀，或是低血壓的女性，常常在變換姿勢，從坐姿或蹲姿要站起來時，特別容易感覺到一陣暈眩，尤其是血糖較低的時候要格外注意。

紓解方式

如果容易暈眩的孕媽咪們，應該避免長時間曝曬在陽光下，而且變換姿勢的時候動作要緩慢一些，也暫時避免前往人群太多的密閉空間。建議孕媽咪隨身攜帶小餅乾跟糖果，以防止血糖降低而產生暈眩問題。

懷孕中期（4～6個月）

✿ 腿抽筋

「最近睡到半夜，右小腿後面突然抽筋，痛的我立刻驚醒大喊：抽筋啦！好痛喔！」常常聽到不少準媽媽跟我抱怨半夜睡覺時會出現腿抽筋的情況，而且多在小腿部位。

導致孕婦腿抽筋的原因很多，可能是體內鈣缺乏，或是懷孕期間走動過久，增加腿部肌肉負擔，也可能是冬季夜裡室溫較低、睡眠姿勢不好等等。

紓解方式

為了預防孕期腿抽筋，應適當補充鈣片，睡眠時最好保持下肢溫暖，並將腳部稍微抬高，常做肌肉按摩，特別是腿腳部的肌肉，以改善血液循

當孕婦經常出現暈眩現象時，要多加注意。

環。如果有抽筋症狀,腳趾要向上伸展,讓小腿後部肌肉慢慢舒張,減輕腫脹。

✿ 腰痠背痛

隨著胎兒逐漸成長,準媽媽因為體重增加、姿勢不當等因素,腰背部的負擔越來越大,因此腰痠背痛可說是孕婦最常見的徵狀之一。以我的門診經驗來觀察,有些準媽媽在懷孕中期就會出現腰痠背痛的症狀,有些到了懷孕後期才開始逐漸明顯,而且每個人體質及生活習慣不同,症狀的輕重程度也不一樣。

紓解方式

改善痠痛的方法:

1. 調整姿勢

親愛的孕媽咪,請記得現在妳的身體可不是一個人,因此坐姿與站姿都要稍稍調整。

坐下時,最好選擇可以良好支撐背部的座椅,讓腰椎胸椎可以靠貼在椅背上,如果腰部與椅子中間留有空隙,也可以墊個小枕頭,來幫助支撐腰部。

站著時,要避免腹部往前突出,增加後背肌肉的壓力,因為到了懷孕中後期,重心會越來越往前,身體為了將重心拉回,背部就會相對用力,因此背部疼痛的症狀將更明顯,可以適時地使用托腹帶來支撐越來越大的肚子。

調整姿勢及按摩可改善痠痛。

2. 調整睡姿

「有沒有甚麼睡姿，可以一覺到天亮？」這大概是每個孕媽咪所冀求的，因為怎麼睡都無法熟睡。

的確，隨著肚皮一天天隆起，睡眠品質也會越來越差，雖然如此，還是有些姿勢可以舒緩一些，為了避免壓迫子宮下腔靜脈，讓血液可以維持順利循環至胎盤，準媽媽應儘量採取左側躺，而且可以在兩腳之間放個小枕頭協助平衡身體重心。

此外，從床上起身的時候，也要注意應使用側躺的姿勢，讓腳先放到床下，再慢慢用雙手撐著床墊起身，避免拉傷肌肉。

3. 按摩

很多準媽媽都會問我：「孕期可以做身體按摩嗎？」我會建議懷孕中期胎兒較為穩定，再開始利用輕柔的按摩來舒緩肌肉的緊繃，而且要告知芳療師自己已經懷孕，不要按摩肚子，也不要採用穴道按摩法或塗抹刺激性精油，以免出現不適的症狀。除了按摩，自己在家也可以熱敷患部，幫助肌肉放鬆、消除疲勞，但是溫度不要過高，以免燙傷。

✿ 便秘

雅惠懷孕已經 5 個月了，一直以來沒什麼不適的症狀，既沒有孕吐，也沒有水腫，一切看似很順利，不過卻有個困擾的問題，就是「嗯嗯」一直不順暢。懷孕初期，就常常在廁所坐老半天才能排便，到了懷孕中期更嚴重，曾經一個星期只順利排了一次便。她擔心之後肚子越來越大會更難排便，不知該如何是好？

懷孕期間便秘的情形會稍微嚴重一些，建議孕媽咪可以從日常飲食開始，改善身體的不適進而達到養生健體的目標。孕媽咪可以多吃高纖的蔬菜水果，幫助腸胃蠕動更正常，改善便秘及下腹疼痛的問題。如果孕媽咪的便秘情形嚴重到連多吃大量蔬果也無法改善的話，可請醫師開一些安全、可幫助排便的藥物。

孕婦的身體狀況隨著孕期有很大變化。

✿ 痔瘡

有位孕媽咪來門診時,一副欲言又止的樣子對我說:「醫師,我有一個困擾,都不知道該跟誰說……」原來,還沒懷孕時她就常有便秘的問題,懷孕初期更是嚴重,到了 26 週時「痔瘡」就發作了,自己嚇了一大跳,所以希望醫師能提供她一些解決方法。

由於孕婦的黃體素濃度增加,使得腸道蠕動變緩慢,再加上活動量降低,因而下半身血液循環欠佳,若排便時長期用力失當,軟墊組織持續充血,就會使得「痔瘡」發作。如果工作型態必須長時間站立或坐著,導致腹壓增加,也容易讓「痔瘡」症狀更加惡化。

一般來說,「痔瘡」可分為內痔、

外痔，嚴重程度也依等級有所不同。主要症狀有：

- 排便時肛門會覺得疼痛，或是灼熱感、搔癢感。
- 肛門口觸摸時有軟塊腫脹。
- 雖然不時都有便意，但是排便後卻覺得沒有排乾淨。

很多孕媽咪有這樣的癥狀都難以啟齒，不過「痔瘡」也不是這麼嚇人的病症，只要養成良好的生活習慣跟飲食方式，還是能夠減少「痔瘡」發作的機率。

紓解方式

1. 溫水坐浴

溫水坐浴可以促進血液循環，使患部消腫、止痛，做法則是以臉盆裝約攝氏 35℃的溫水，讓臀部坐入，浸泡約 5 分鐘。之後，再用毛巾輕輕拍乾，塗上凡士林或醫師開立的藥膏，以增加潤滑度。每天約可泡一到兩次。

2. 調整飲食習慣

多吃蔬果，多喝水，有助於排便。當然還要儘量避免刺激性食物，也儘量不要熬夜、避免過度勞累，而使痔瘡的腫痛感更加嚴重。

3. 養成固定排便習慣

養成定時排便習慣，請不要邊看手機或報紙邊上廁所，因為長時間蹲坐在馬桶上，也容易引發痔瘡，所以每次蹲馬桶時間不要超過 15 分鐘。

4. 持續性的適當運動

建議所有的孕媽咪們避免久站、久坐及久蹲。如果是工作需要，那麼隔些時間就要休息一下起來走走，以利促進血液循環。

總之，如果很劇烈疼痛則必須找專業醫師開立痔瘡藥膏，或是以手術去除，千萬不要因為害羞而一忍再忍，使得問題一發不可收拾。

懷孕後期（7 ～ 9 個月）

✿ 胃酸逆流

「我明明就吃得很少，不知道為什麼晚餐後，一直覺得喉嚨燒燒的？」秀美苦惱的說自己胃酸逆流，有時候連到睡前都還是這樣，晚上睡不好。

大多數孕婦在懷孕初期的腸胃問題，多半是孕吐、噁心⋯⋯等症狀；到了懷孕後期，由於子宮增大頂到胃部，就容易產生「胃酸逆流」的問題。

（紓解方式）

要多加注意自己的飲食習慣，盡量避免吃甜食與高脂肪的食物，並以「少量多餐」的方式進食。此外，吃飽飯後也不要立刻躺臥下來，以免胃液逆流造成不適。

可在飯前喝一小杯牛奶或優酪乳，減緩不適，如果胃食道逆流的問題依舊，可以請醫師開立胃乳和制酸劑，但是千萬不要自行服用胃藥。

❀ 陰道分泌物增加

懷孕後因荷爾蒙影響，引起陰道的分泌物增加，這屬於常見的生理現象，孕媽咪可以不用過度擔心。不過，因為陰道酸度的降低容易引起一些細菌感染，如：乙型鏈球菌、念珠菌等等。

（紓解方式）

清潔外陰部時請不要使用消毒藥水之類的刺激性清潔劑清洗，而且，平時應穿著透氣的棉質內褲，盡量減少穿太過緊繃的衣物，不要讓會陰部太過悶熱。如果分泌物有異味或顏色改變、外陰部癢、痛，建議還是要儘快就醫。

❀ 水腫

「醫生，我最近不僅褲子穿不下，連鞋子也穿不下了，水腫的情況怎麼改善呢？」

懷孕到了後期，有些孕婦的下肢會開始出現水腫現象，一些孕媽媽以為少喝水就能避免水腫，其實水腫的主因是由於腹部慢慢隆起，子宮壓迫骨盆造成下肢的血液循環變差而引發的生理性水腫，並不是喝太多水的關係，所以無須限制飲水量。一般來說，懷孕產生水腫症狀雖屬正常現象，但是，孕媽咪如果有水腫現象合併尿蛋白，就要小心是妊娠毒血症，所以產檢時也要多加留意。

　　如果是輕微的下肢水腫，建議晚上睡覺時將腳部墊高或是按摩腿部，水腫自然就會消退一些。但如果水腫情況嚴重，甚至出現靜脈曲張，建議可穿著彈性襪。

✿ 靜脈曲張

　　「醫師，怎麼懷孕之後我的腿長出一條條像蚯蚓般的浮腳筋？產後這些彎彎曲曲的血管會消失嗎？」愛美的孕媽咪對此問題很煩惱，即使大熱天來看診時，依舊穿著長褲。

　　一般來說，靜脈曲張剛開始並不會讓孕媽咪感覺疼痛，頂多會感到腿部沉重、發癢，甚至帶有灼熱感，但是，當你感覺到壓痛、抽痛、紅腫等情況遽增，或同時發生發燒、心跳加速、呼吸困難等情形，有可能是下肢靜脈的血栓流至肺部，最好就要盡快就醫。

　　懷孕時會產生靜脈曲張主要是因為體內荷爾蒙改變，再加上胎兒日益

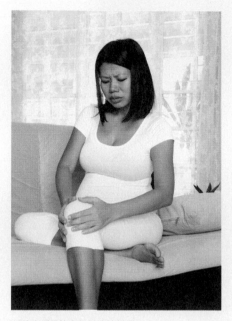

下肢水腫是許多孕媽咪的煩惱。

增大，使得子宮壓迫血管，下肢血液回流受阻，造成靜脈壓升高，曲張的靜脈也會越來越明顯。當然，並非每個孕婦都會出現靜脈曲張，不過發生率的確比一般人高，而且越到懷孕晚期越容易發生，特別是在久站之後更容易發生。

　　由於每個人站立時左右腳的重心

不一,因此兩腿出現靜脈曲張的程度也不盡相同,若靜脈曲張的症狀沒有很嚴重,多數孕婦在生產後就會自然好轉,不用太過緊張;如果是比較嚴重的狀況,可能就需要其他靜脈外科手術來治療。

紓解方式

1. 避免維持同一個姿勢太久

孕媽咪不要久坐或久站,以免影響了靜脈回流,平時多起來走動,即使只是在附近公園散散步,也有助於促進血液循環。

2. 抬腿運動

坐著的時候,不要翹二郎腿,以免阻礙靜脈的回流,可將雙腳放於小板凳上,躺臥時,則用枕頭墊高雙腳。另外,每天睡前可做一些抬腿的動作,以利靜脈回流;或是用溫水泡腳,也能促進下肢血液循環。

3. 採用左側臥睡

睡覺時,採用左側臥睡的位置,有助於下腔靜脈的血液循環,減輕靜脈曲張的症狀。

4. 控制孕期體重

如果體重超重會增加身體的負擔,更不利靜脈回流,因此建議在整個孕期的體重增加應控制在 12～15 公斤之內。此外,也盡量不要提重物,以免增加對下肢的壓力,不利於症狀的緩解。

5. 穿彈性襪預防

如果因為平常工作必須久坐或久站,擔心自己腿部伸展不足,可從懷孕中期就開始穿著孕婦專用的彈性襪,來減輕腿部受到的壓力,以改善下肢靜脈循環。

準媽媽隨著懷孕週數增加,大約 36 週時胎位會漸漸下降,到 38 週左右,寶寶的頭部會進入骨盆腔,但隨著胎頭下降,對孕媽咪本身的壓迫也會增大,使血液回流變差。我通常在懷孕初期就會建議準媽媽要調整一下生活習慣,才能應付懷孕後期帶來的諸多不適。等孩子出生後,餵奶、抱

寶寶等照料工作，也會頻繁地使用腰腹部肌肉，所以孕媽咪可千萬別虧待了妳的身體，最好孕前就善加保養，別讓身體開始抗議！

好孕 小知識

認識乙型鏈球菌

在生產過程中，常見的問題除了早產、胎兒先天異常之外，最常面臨的就是新生兒「感染」的危機，常見的有大腸桿菌感染、乙型鏈球菌感染等等。其中，乙型鏈球菌感染可能造成新生兒染病的嚴重後果，因此孕婦在懷孕 35 ～ 37 週產檢時，會進行乙型鏈球菌的培養篩檢。檢查方法很簡單，就是由醫師在孕婦的陰道及肛門採樣後，再將檢體送至檢驗單位進行培養。約於一週內即可知道孕婦有無乙型鏈球菌之帶菌。

一般女性感染乙型鏈球菌並沒有特殊症狀，只有少數人會有泌尿道感染的徵兆。當然，並非所有婦女感染此菌後一定會有症狀，生產時新生兒不一定會絕對感染；不過為了降低風險，建議孕婦還是要做好產前檢查並預防性治療。如果孕婦經篩檢檢驗確定感染乙型鏈球菌，也不用擔心，經過醫師評估，可提供預防性之抗生素治療，以降低新生兒感染。

♥ 注意懷孕併發症

「以前我就跟女兒說：『要趁年輕時，趕快生一生。』她都當成耳邊風，覺得太早結婚生子就被綁住了，現在當了高齡產婦，體力不好反而更辛苦了。」每次都陪女兒來產檢的曾媽媽，語重心長的說著。

她的女兒從小成績就非常優秀，出社會之後，工作能力強又得到老闆的賞識，常常到國外出差，因此直到近 40 歲才懷孕。

曾小姐不認同的說：「媽，妳看看像林青霞、吳淡如，這些名人也是高齡

按時產檢可隨時掌握妳和寶寶的狀況。

產婦，其實，現在醫學發達，40 歲懷孕不算太晚的……」

還不等曾小姐說完，曾媽媽馬上回話：「妳都沒在看電視喔！新聞報導說，高齡產婦風險比較高、容易流產，醫生妳說是不是啊？」

高齡生產不等於高危險

這對母女的對話，也透露了台灣社會對高齡產婦的兩種不同想法，我對兩人解釋：「年紀越大才懷孕，的確風險比較高，但是，比起壓力大小與飲食作息，年齡高低反而不是最大的影響因素。也是有許多年輕媽媽因為忙碌工作或是不良生活習慣引發懷孕併發症，所以只要孕期適度的休息，而且該做的產前檢查都去做，其實大多都會生出健康寶寶，曾媽媽妳不用太擔心。」

像曾小姐這樣的女性，出現在診

間的比率越來越高了，主要因為現代許多夫妻希望經濟穩定，再來生小孩，所以高齡產婦有日漸增加的趨勢。

我曾遇到一位進行試管嬰兒而成功懷孕的孕媽咪，她的年紀也不小，約 42 歲，自己創業的她一直等到事業穩定才想懷孕生子，在懷孕初期、中期都很順利，只是到了懷孕後期由於子宮收縮頻繁，所以住院安胎一個多月，幸好最後也是順利生產。

也有一位 40 歲才懷第一胎的準媽咪，在產檢時被診斷出有妊娠高血壓，我建議她減少一些活動量，並每日注意水腫程度，密切監測血壓變化，並以口服降血壓藥物控制血壓，她也遵照叮嚀控制飲食，多吃高蛋白的飲食來補充尿中流失的蛋白質，也不吃太鹹或含鈉量高的食物。後期不僅良好控制血壓，而在整個懷孕過程，很慶幸沒有嚴重的併發症發生，於是在懷孕足月時自然生產一個健康寶寶。

所以，如果搭上高齡產婦列車，倒也不必那麼擔心，謹慎的接受產檢與醫師配合是最重要的。根據統計，高齡產婦因為生育子女年齡較晚，所以更年期也會來得較慢，動情素持續提供，反而比較長壽。而且身體會產生大量雌激素，可預防骨質疏鬆，並能降低心血管疾病。

給予高齡產婦的各項生活建議

如果平常產檢都正常，那麼只要自己多注意胎動變化，也無須太過緊張。通常第一胎的胎動會在第 18 ～ 20 週出現，第二胎約在 16 ～ 18 週就有感受。倘若胎動頻率比起平常減少一半以上、或一整天都沒胎動，就要到醫院裝設胎兒監視器觀察胎動。

為了讓孕媽咪減壓，建議出外走走，如果想要出國旅遊的話，只要出國前做好產檢，沒有不舒服的現象，出國旅遊也無妨。不過坐飛機時氣壓變化大，又需要久坐，容易產生「經濟艙症候群」，因此坐飛機時若感到不舒服時，就要站起來走動一下。

好孕 小知識

常見的懷孕併發症

　　不論年齡高低，孕媽咪只要體力負荷過度都容易造成身體不適或發生子宮收縮，如果孕婦本身有疾病，引發的狀況也會更多。而高齡產婦必須注意的懷孕併發症，包括了妊娠高血壓、子癲前症、胎盤早期剝離、前置胎盤、妊娠糖尿病、早產等；在胎兒併發症方面常見的有：早期流產、胎兒生長遲滯、染色體異常、胎死腹中等問題。

♥ 妊娠糖尿病

　　在懷孕 24 ～ 28 週時，孕媽咪必須接受妊娠糖尿病的篩檢。由於胎兒透過臍帶與母血相通，因此如果有妊娠糖尿病，胎兒也處於高血糖狀態，導致寶寶體重較重，容易發生肩難產，因此要特別注意。

♥ 妊娠高血壓

　　因為懷孕而引起的高血壓（收縮壓大於 140、舒張壓大於 90），導致胎盤的功能降低而影響胎兒生長，嚴重時對母體可能造成致命的結果。為了預防妊娠高血壓，在每一次產前檢查都需要測量血壓及檢查尿蛋白，希望能提早發現妊娠高血壓並及早治療。

♥ 妊娠毒血症

　　妊娠毒血症即是子癲前症，在懷孕 20 週之後發生妊娠高血壓，並且同時合併蛋白尿與水腫，即為子癲前症；而合併生產過程有癲癇者，稱為子癲症。目前自費產檢中的其中一項為篩檢出子癲前症的高危險群，懷孕初期即可考慮是否要接受檢查。

♥ 保養身體注意守則

「鞋子都穿不下了，腿就跟象腿沒兩樣，還有……」懷孕後的各種身體變化，讓妳不再是平常的自己，即便如此，還是有些保養方法，讓準媽媽帶球走也可以很美麗，下面就來看看一些基礎保養方式吧！

如何避免妊娠紋

妊娠紋的發生與體質有關，不是每個孕婦都會有妊娠紋，有些媽媽懷孕中期就出現，有些媽媽到了懷孕最後一個月才出現，真是無法預測。

孕媽咪想要降低妊娠紋的產生，最基本的方式就是要管理好體重增加的幅度。懷孕期間最好均衡飲食，讓體重控制在增加 12 至 15 公斤之內，尤其是中後期最好每週緩慢增加約 0.5 公斤，就比較不容易產生太嚴重的妊娠紋。當然，最好再加上適度的運動以控制體重，並增加皮膚纖維的

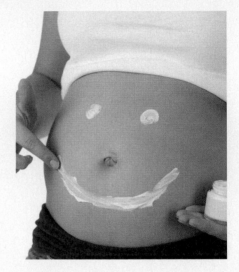

妊娠霜要留心其中成分再使用。

伸展，讓自己遠離妊娠紋的問題。

此外，由於妊娠紋的嚴重程度因人而異，有些準媽媽想說等到妊娠紋出現再來保養，其實預防重於治療，為了更好的預防妊娠紋，最好要從平

時的保養開始。建議孕媽咪可以塗抹乳液、按摩霜或妊娠霜等來改善妊娠紋，不過別塗抹過度，原則上一天一次即可。

購買的產品也要注意成分，就有準媽媽買到不適當的藥膏而錯用Ａ酸，卻不知孕婦使用Ａ酸有可能造成致畸胎。也有媽咪因懷孕後期臉部肝斑很明顯，一樣誤用Ａ酸或對苯二酚，這都是很危險的。

其他還包括乳暈、腋下變黑等，都是孕媽咪特別在意的皮膚問題，媽咪可別急著自我處理，應該交由專業醫師診斷評估。

如何保養孕期乳房

懷孕時受身體激素的影響，準媽媽的乳房慢慢增大，變大的乳房也將承擔著餵養寶寶的責任，該如何保養自己的乳房呢？一起了解孕期護胸的要點吧！

✿ 選擇合適罩杯的胸罩

懷孕期間，乳房會漲大，選擇合適罩杯的胸罩能夠幫助保護乳房的健康。千萬不要將就使用舊的胸罩，也不要因為節省，想說以後乳房再增大還能使用，就索性買更大尺碼的胸罩。因為，不合身的胸罩根本無法善盡托起乳房、保護腺體生長的作用。

✿ 正確清潔乳頭

孕期每天用沐浴乳和軟毛巾輕輕揉搓乳頭約１～２分鐘，然後用清水洗淨即可，不須過度清潔胸部。如果乳頭上有積垢和痂皮，可以用護理油塗抹，再用溫水輕輕擦洗清除，洗完後再塗護理油。

✿ 乳頭按摩操

到了懷孕後期，為了未來的哺乳工作，每天可以做些乳頭按摩操：用拇指和食指輕柔地按壓乳房，使乳頭盡量凸出。

孕期怎樣洗澡更健康？

懷孕以後，由於體內發生了許多特殊的生理變化，因此在清洗身體時，也要有所注意。

✿ 水溫適宜

水溫最好溫熱，和體溫差不多或者比體溫略高，一般來說水溫應在38℃以下。因為如果水溫或室溫過高，可能造成胎兒的腦部或神經管缺陷。在孕期也應該避免泡溫泉，公共浴池的髒水有可能進入陰道，而引起子宮頸炎、陰道炎、輸卵管炎等，甚至發生宮內或外陰感染而引起早產。

✿ 10～20分鐘為佳

孕婦洗澡的時間過長，容易出現頭昏眼花的狀況，或是缺氧導致胎兒發育不良，因此建議孕婦洗澡的時間最好控制在10～20分鐘之內。

✿ 每天1次

洗澡頻率最好是每天1次，炎熱的夏天每天洗兩次都可以。而寒冷的冬天，很多的孕媽媽都不願意脫下暖和的衣服，去冰冷的浴室洗澡。但是，也要盡量每天都用溫水擦擦身、清洗外陰。因為準媽媽的身體負擔較重，新陳代謝逐漸增強，汗腺及皮脂腺分泌也比常人旺盛，所以重要部位

孕媽咪在洗澡時要注意安全與衛生。

還是要清洗乾淨。

懷孕早期，由於準媽媽肚子較小，所以可以站著淋浴，但是到了懷孕的中後期，肚子較大、重心不穩而容易滑倒，所以建議坐在有椅背的椅子上淋浴，以避免跌倒。如果準媽媽體質較弱、特別容易疲勞，可以請準爸爸陪護也是不錯的方式。

❤ 養胎不養肉的飲食要訣

宛柔由於是高齡懷孕，婆家及娘家所有人都百般呵護她，打從懷孕開始，家人就會為她補充營養。老公也疼她，每個週末帶她去吃大餐，期待有個「白白胖胖」的娃娃誕生。

生產前，宛柔已經胖了 20 公斤了，結果寶寶出生時體重才不到 3,000 公克，原來吃的都胖到自己，直問醫師怎麼會這樣呢？

孕期的標準體重

「一人吃、兩人補」是準媽媽與家人最常陷入的迷思，大家都希望寶寶營養充足，因此拼命吃，結果往往造成孕媽媽體重增加過多，讓身材嚴重變形走樣，卻不一定真的有補到胎兒。

孕期體重增加指引

孕前的身體質量指數 （BMI）＊	建議增重量 （公斤）	12 週後每週增加重量 （公斤／週）
<18.5	12.5 ～ 18	0.5 ～ 0.6
18.5 ～ 24.9	11.5 ～ 16	0.4 ～ 0.5
25.0 ～ 29.9	7 ～ 11.5	0.2 ～ 0.3
≧ 30.0	5 ～ 9	0.2 ～ 0.3
其他：		
雙胞胎	總重 15.9 ～ 20.4	0.7
三胞胎	總重 22.7	

＊身體質量指數 BMI ＝體重（公斤）/ 身高^2（公尺^2）

資料來源：孕婦健康手冊

常聽到新手媽媽感嘆：「為何生完小孩，我的身材就回不去了！」

為了避免這種狀況，我都常常苦口婆心的告訴孕媽媽：「不要拿懷孕當理由，就開始大吃大喝了。」一般而言，懷孕期間體重增加的總量，應該是孕前體重當參考，以增加 12 ～ 15 公斤為宜，且須注意體重增加的速度。

孕期間的體重增加應該是漸進式的，一般來說，懷孕前期體重增加 1 ～ 2 公斤；中期增加 3 ～ 4 公斤；後期則增加 4 公斤較為理想。

懷孕時要注意體重增加的幅度。

孕期正確飲食要點

在診間常看到許多孕媽媽懷孕初期是個身材姣好的女性，到懷孕中後期卻嚴重破壞了身材，需要花更多金錢及時間來恢復體型。因此在懷孕過程，除了注意各種身體狀況，還要學習「如何吃得營養」，才能健康孕育下一代。

從懷胎 4 個月開始，胎盤已經形成，胎兒藉由臍帶吸收營養，因此如果孕婦飲食沒有控制好，不僅影響自己的體重，也連帶影響寶寶的體重與健康。

相信很多孕媽咪都想知道：「要如何胖到寶寶，而不要胖在我身上？」下面就提供幾點重要原則，供大家參考：

✿ 控制熱量

懷孕中期開始每天須增加 300 大

多吃蔬果攝取維生素。

卡的熱量，建議在懷孕初期只要維持孕前飲食的分量即可，等進入妊娠中後期再增加所須的分量，以獲得足夠熱量。

✿ 增加蛋白質攝取

懷孕初期開始，胎兒進行發育，每天須增加 10 公克蛋白質，因此懷孕以後，可增加攝取一些魚肉、蛋類，豆類製品也是相當優質的蛋白質來源。有些孕媽咪擔心體重過重，孕期都只吃白肉，這樣容易缺乏鐵質，建議可以攝取一些紅肉補充營養素，只要掌控分量，不必太擔心體重增加的幅度。

✿ 蔬果類多方嘗試

水果中含有大量營養素，但是含糖量也高，所以孕婦不宜以大量水果取代正餐。蔬菜含有豐富的纖維質，建議平時多攝取不同顏色、種類的蔬菜，以獲取足量的維生素。

✿ 維生素不可缺

懷孕及哺乳期間大部分維生素的需要量均增加，維生素 B1、B2、B6 和菸鹼素的需要量伴隨熱量及蛋白質的增加而升高，可吃些堅果、瘦肉、肝臟、大豆及其製品。

維生素 B2 存在於大部分動植物組織，其中牛奶、乳製品及強化穀類含量最為豐富。維生素 B6 於各種肉類、全穀類。富含菸鹼素的食物包含動物肝臟、牛肉、豬肉、雞肉、魚貝類、蛋奶類、乳酪、糙米、胚芽米、酵母菌、香菇、紫菜等。

5. 選擇優質油品

油脂攝取過量當然會對身體造成負擔，但若完全杜絕油脂也絕非好對策，孕媽咪平常烹調時不妨選擇使用優質油品，每日使用約 2 湯匙的油，就足夠一天油脂建議攝取量，不須額外補充。

大家常誤以為某些食物營養價值高而多吃，殊不知這也增加了肥胖的機會。不同的食物中所含的營養成分不同，建議盡量吃得雜一些，不要偏食，養成好的膳食習慣，能確保今後自己和寶寶都健康。

孕期各個階段都有不同的飲食搭配和營養攝入重點，只有根據孕期每個階段的不同營養需求，結合準媽媽的個體差異，制定個性化的營養方案，才能保證孕婦和胎兒都健康。

補充維他命

淑惠是高齡產婦，懷孕初期的 3 個月因為不穩定性較高，所以每一次產檢時，夫妻倆人總是抱著一顆忐忑不安的心情；每當聽到寶寶的心跳聲後，兩人才會展開笑顏。

到了 4 個月，胎兒較為穩定卻又擔心寶寶的營養問題，因此到診間詢問：「郭醫師，除了飲食充足，還要吃些什麼維他命嗎？」

在第一章節已經說明孕前該補充的維生素，在此我們再來瞭解懷孕期間比較重要的維生素需求：

1. 葉酸

在初期懷孕期間，葉酸的攝取不足，容易造成胎兒產生神經管缺陷、生長遲滯。葉酸在深綠色葉菜類、鮭魚、肝臟等含量較多，但隨著烹煮之後也會漸漸流失，因此，通常建議額外補充葉酸錠。

2. 鐵質

血液是運送養分給胎兒的主要管道，而鐵質又是血液的主要成分，因此孕婦必須加強鐵質的吸收。如果孕婦缺乏鐵質，除了容易造成早產及新生兒體重不足，自己也會有疲倦、虛

鈣質含量表

類別	食物	毫克／每100公克食物
主食類	糙米	13
奶類	乳酪	574
	牛奶	111
	優酪乳	63
	養樂多	29
豆類	黃豆	217
	黑豆	178
	豆干	273
	油豆腐	216
	傳統豆腐	140
	豆漿	11
海產類	小魚乾	2213
	蝦米	1075
	蝦仁	104
	鰻魚罐頭	359
肉類	小排骨	38
蔬菜類	芥蘭	238
	綠豆芽	147
	小白菜	106
	油菜	105
	芥菜	98

資料來源：行政院衛生署 青春營養密笈

弱、暈眩等症狀。

最佳的鐵質來源是動物的肝臟，其他如豆類、深綠色蔬菜、穀類、核果、葡萄等深紅色水果也含有豐富的鐵質。懷孕初期，胎兒的需求量不高，所以可以在孕吐階段過後，約懷孕4個月時，再開始增加補充即可。

3. 鈣質

孕育胎兒的孕媽咪，一定會特別注重鈣質的補充，因為鈣是建立骨質的重要原料，不僅胎兒的骨骼、牙齒成長均有賴鈣質的提供，孕婦本身也需要足夠的鈣質以預防將來骨質疏鬆的發生。

許多食物中含有豐富的鈣質，如小魚干、鮭魚、沙丁魚、豆腐等，此外孕媽咪一天應攝取2～3杯奶類，也要盡量揀選鈣質含量高的食材，讓身體維持足夠的鈣質，不但具有安神助眠的效果，還能緩解妊娠後期抽筋的困擾。

4. 維生素 B12

維生素 B12 主要為動物性食物來源，如果是素食者，應特別注意補充維生素 B12 的錠劑。不過，一般人不須特別補充，除非腸胃吸收有問題，否則缺乏維生素 B12 的機會很小。

5. DHA

DHA 可幫助胎兒的腦部發展，所以若攝取量不足時，就會造成腦神經細胞發育遲緩、出生體重不足等情況。

維生素 B12 含量表

食物	毫克／每 100 公克食物
紫菜	65.259
裙帶菜	5.07
天貝	0.7-0.8
珊瑚菇	0.284
海帶	0.28
味噌	0.15-0.2
杏鮑菇	0.09
鮑魚菇	0.07
香菇	0.019

資料來源：衛生署委託臺北醫學大學辦理之「研議素食飲食指標」計畫成果報告內容，素食者食物中含有維生素 B12 的含量表。

喝牛奶可補充鈣質。

一般富有 DHA 的食物包括魚類、海藻外，乾果類如核桃、杏仁及花生，其中亞麻酸可以在人體轉化成 DHA。而一般動物性的 DHA 補充錠因為含有 EPA 可能會影響人體的凝血功能，建議在生產前一個月停止服用比較好。若是素食者也可以攝取藻類萃取的 DHA，也是有相同的效果。

大家都希望孕育健康的下一代，因此從懷孕開始準父母就開始思考該補充哪些維他命及礦物質，就算日常生活飲食均衡，還是希望多補充健康食品來為胎兒增加營養效果。這大概就是父母親總是有著「讓孩子不要輸在起跑點上」的期望。

如果孕媽咪外食機會比較多，可能有飲食不均衡的狀況，那麼此時補充健康食品當然是在所難免的。然而，健康食品的補充雖然能夠彌補一些營養素的不足，卻不能代替正常的飲食，因此該補充哪些維他命及礦物質，最好先了解其作用及需求，並諮詢醫師後，再根據自己的狀況來選用，這樣才能讓孕婦及胎兒吃的更健康！

DHA 的含量（毫克／每 100 公克食物）

水產類				
草魚	165	鮭魚	1407
魩仔魚	169	紅鱒	745
虱目魚	171	紅目鰱	391
鯉魚	154	鱈魚	145
石斑魚	1929	秋刀魚	2901
海鱺魚	135	紅甘魚	1004
吳郭魚	37	烏魚	109
白帶魚	228	鰹魚	1204
海鱸	893	烏魚子	2021
鮪魚生魚片	29	牡蠣	170
花枝	101	小卷	128
草蝦	105	明蝦	29
紅蟳	347		
非水產類			
羊肉	8	豬後腿肉	16
豬肝	138	豬肚	192
豬腦	818	雞胸肉	25
雞蛋	250	奶、豆、蔬果、五穀	極少

資料來源：行政院衛生署出版「台灣地區食品營養成份資料庫」所提供的脂肪含量
與 DHA 佔總脂肪酸的比例估算。

♥ 孕媽咪「藥」小心！

喉嚨痛、鼻塞、發燒是常見的感冒症狀，一般人可能會看醫生，吃藥以減輕症狀，但是對孕媽咪來說，該不該吃藥卻成了難以抉擇的問題，最主要是擔心「吃藥」不知道對寶寶會不會有什麼不良影響？

懷孕「藥」怎麼吃？

有一次，我才剛踏進門診室，一位準媽媽就充滿焦慮的拉著我問題。原來她是位剛剛知道懷孕的準媽媽淑惠，她擔憂的說：「醫師，我不知道已經懷孕了，前幾天感冒時，還吃了感冒藥，這樣小孩子會有問題嗎？」淑惠拿出了藥局的藥單，她苦著一張臉自責的請我幫她看看處方箋，希望我趕緊告訴她，這些感冒藥對於胎兒究竟會不會有影響？

這個問題，我在門診常常遇到，大多是擔心藥物可能會造成胎兒畸形，深怕要因此中止懷孕，以免生下異常寶寶。看著孕媽咪著急的詢問，我也感到很心疼呢！

雖然有不少的藥物會通過胎盤進入胎兒體內，對胎兒產生不良的影響，甚至造成畸胎兒。但是也有許多藥是安全的，在懷孕期間服用，並不會造成胎兒異常。而一般常用的感冒藥和腸胃藥，對胎兒並不會造成太大的影響，所以準爸媽不用太往不好的方面想。如果真的擔心，可以像淑惠一樣，把曾吃過的藥物或藥單給婦產科醫師看，讓醫師給予專業的判斷，確定沒有問題就可以安心懷孕。

至於有些孕婦，在懷孕期間肚皮會有搔癢感，通常醫師會開一些止癢的外用藥給孕媽咪，由於這種藥不容易進入到體內被胎兒吸收，相較之下是比較安全的。

中藥也是藥

某次門診時，有位孕媽咪出現宮縮症狀，當時我詢問她是否曾經服用什麼食物或藥品，她說：「懷孕之後我就沒吃任何西藥，倒是家中長輩買了些昂貴的中藥材，熬了一些補湯給我喝，不過這應該不算藥，算是湯品吧？」我一聽到這位孕媽咪的話，馬上跟她來一場醫藥的知識分享。

提起西藥，許多孕媽咪都會擔心害怕，不敢隨便亂吃，但對於中藥的服用卻比較少禁忌，甚至很多婆婆媽媽認為中藥不算藥，所以常常燉煮給家中孕婦服用。雖然她以為中藥算是食物沒有關係，但是我認為既然是藥，不管西藥、中藥都必須經由合格醫師開立處方，並記得告知醫師自己懷孕的狀態，才是比較安全的喔！

醫師把關「藥」安心

此外，現在坊間流行的健康食品，孕婦也不宜自行服用。另外，許多準媽媽喜歡補充的維他命，基本上也算是藥物的一種，所以服用維他命也必須小心謹慎，一般而言，懷孕的孕婦有專用的維他命，而一般成人的綜合維他命不適合孕婦服用，因為孕婦維他命會特別添加孕期需要的葉酸及鐵、鈣等營養素，較適合孕婦。

也要呼籲所有孕媽咪，懷孕期間服用藥物需要經由婦產科醫師或專業人員詳細評估及諮詢，才能確保自己與胎兒的健康。不過，也不要因為怕胎兒受到藥品影響，而拒絕服用應該使用的藥物，如果延誤治療或停止服用藥物，也會影響胎兒及媽媽的健康。其實，醫師都盡可能請孕媽咪以多休息、多喝水等方式取代吃藥，所以準爸媽也不用太擔心，醫師在不得已的情況下才會開藥。在得知懷孕後，可以跟妳的醫師詢問一下藥物的使用方式，有了這些知識，相信整個孕期會更懂得如何照顧自己喔！

好孕 小知識

處方藥物的安全等級

藥物對胎兒是否造成傷害，受到各種因素的影響，如：服用藥物的劑量、藥物的毒性強度、使用時間長短……等等。在妊娠週期的前 8 週為器官形成的重要階段，若是服用致畸胎藥物，則容易產生畸胎兒。妊娠 8 週後，造成大結構的畸形影響較少，但是仍然會影響胎兒的生長及器官的發育。以下表來說，原則上，婦產科醫師會開到 A、B、C 級藥物，D 及 X 級則是完全不予採用的藥物。若危及生命，較安全之用藥無法使用時才會考慮到 D 級藥物。

美國藥物食品檢驗局的懷孕用藥安全等級分類：

分級	定義
A 級	人體對照組實驗無法證實對第一期孕程之胎兒有危險性，其傷害胎兒的可能性極小。
B 級	動物實驗無法證實對胎兒有危險性，但沒有人體對照組實驗；動物實驗雖證實對胎兒有不良作用，但在孕婦對照組實驗中卻無法證實對胎兒有危險性。
C 級	動物實驗顯示對胎兒會致畸胎或死胎，但沒有孕婦對照組實驗，也缺乏孕婦實驗和動物實驗。
D 級	已證實對人類胎兒有危險性，但有些情形仍可考慮使用（當危及生命或罹患嚴重疾病，較安全之用藥無法使用或無效時）。
X 級	動物或人體實驗已證實會使胎兒異常，或人體實驗（或兩者）證實對胎兒有危險性。同時藥物對孕婦之危險性明顯地超過藥物治療的優點。

安妮醫師的
美麗好孕叮嚀

每次看到孕媽咪領到《媽媽手冊》時，臉上藏不住的喜悅，讓我也替她們感到開心，不過拿到這本粉紅色的小手冊，也代表了今後要更審慎的照顧自己與寶寶的身體。

許多孕媽咪初次看到手冊上琳瑯滿目的檢查項目，或許有點一頭霧水，除了「一般檢查項目」還有各種「特殊檢查項目」，其實，只要照著時程及項目表，就能一一檢測出媽咪的身體狀況以及胎兒的生長健康情形。

產檢不是次數越多越好

所謂的一般產檢項目，是每次孕媽咪前往醫院產檢時必做的常規性檢查，包括：血壓測量、體重測量、尿液的蛋白質及糖分的定性檢測，以及子宮底高度、腹圍測量。在胎兒方面則有：胎心音、胎位、胎兒活動性等檢查。

特殊項目檢查包括首次產檢時的 B 型肝炎表面抗原檢查、B 型肝炎 e 抗原檢查；懷孕 11 ～ 14 週及 15 ～ 20 週的母血唐氏症篩檢；16 ～ 18 週的羊膜穿刺檢查；24 ～ 28 週的妊娠糖尿病篩檢；懷孕 28 ～ 32 週的梅毒血清檢驗等。

有妊娠高血壓的孕婦必須自行量血壓、控制飲食。至於產檢時，一般會固定量血壓與檢測尿蛋白，原則上，高齡孕媽咪的檢查與一般孕婦差不多，只是高齡孕婦必須更加留意各項數值的變化，確保自己與寶寶的健康。

每一次的檢查結果，醫師都會詳細的記錄在手冊上，並且提出重點叮嚀媽咪。目前健保局給付 10 次產檢，但是依照孕婦的狀況可將健檢次數增加至 12 ～ 14 次。不論是適齡懷孕、高齡懷孕或高危險妊娠的媽媽，盡量依照孕婦健康手冊的產檢時間進行產檢。

有些孕媽咪因為屬於高齡產婦，深怕檢查作的不足或是不準確，無法及早發現異常胎兒，所以認為自己必須密集做各種產前檢查，但是我認為除非有不舒服或疑慮再到醫院檢查，現代醫學日新月異的進步，因此大多能在產前檢查中，提供準爸媽們充足的資訊，以了解胎兒的健康狀況。

高齡產婦建議產檢項目

某些妊娠風險雖然會隨著年齡增加，但是目前有愈來愈多診斷檢查技術，能將高齡懷孕的風險降到最低，所以我都會請準媽咪和醫生充分溝通，一定要按時前來產檢，這樣我們醫師也曾能進一步瞭解孕媽咪的懷孕狀況。如果想要減低風險，一定要用正面、積極的心態來面對懷孕，這樣平安順產的機會就很大。

一般會建議高齡孕婦加做羊膜穿刺、高層次超音波等檢查。 而羊膜穿刺術是在 16 ～ 20 週時，在超音波的導引之下，將一根細長針穿過孕

媽咪的肚皮、子宮壁，進入羊水腔，抽取一些羊水，分析胎兒染色體數目和構造是否正常、海洋性貧血等單基因疾病。

不過也有孕婦很緊張跑來問說：「我看新聞上，有孕婦在經過羊膜穿刺術之後，發現感染了敗血症，好像很危險？」或是說：「高齡產婦一定要做羊膜穿刺嗎？我上網查看到好像有寶寶因此四肢缺陷，我好猶豫要不要篩檢呢！」

根據國內外研究皆指出，不論是羊膜穿刺術或是絨毛膜採樣術，造成胎兒流產、感染的風險都相當微小，胎兒的異常也未必是由侵入式檢查所導致，而且有2%的新生兒缺陷與染色體無關，所以如果是高齡產婦還是建議媽媽做此項檢查。

目前還有其他的檢驗技術，如：非侵入性胎兒染色體檢測技術，僅需抽取孕婦的靜脈血，也可以準確檢測胎兒是否患有唐氏症、愛德華氏症及巴陶氏症等染色體疾病等。

懷孕也能養寵物

現代人飼養寵物的人很多，寵物也成為家中成員之一，然而，許多孕媽咪一懷孕就面臨家人禁止養寵物的要求，到底養寵物會不會對孕婦以及胎兒造成影響呢？

其實，對於孕婦來說，養寵物最害怕的是被弓漿蟲感染而影響寶寶。弓漿蟲是一種寄生蟲，可從貓、狗、兔子或鳥類身上傳染給人，主要傳染途徑是吃了這些生肉或是接觸了帶有寄生蟲卵的貓糞便（弓漿蟲只會在貓的身上繁殖），就會造成人類感染。因此懷孕期間應盡量避免清理

動物的糞便（尤其是貓砂），也不可吃未煮熟的肉或動物內臟。

　　如果是孕前就有養寵物，其實不用過度憂心，只要不讓寵物跑到外面受到感染，就不會有這方面的疑慮。倘若有疑慮，也可做抽血檢查來判斷體內弓漿蟲感染的情形。建議在懷孕前可以先檢測血液中是否有弓漿蟲抗體 IgG，如果呈陽性，表示過去曾經感染弓漿蟲，但因有免疫力，所以將來懷孕胎兒感染的機會很小；若另一種抗體 IgM 呈現陽性，則代表正在感染或近期感染弓漿蟲，應先以藥物治療，半年後再懷孕。

好孕 小知識

接種疫苗該注意什麼呢？

　　水痘、德國麻疹是一種高傳染性疾病，孕媽咪如果感染，會比一般人嚴重，也容易流產、使胎兒畸形，所以如果沒有這些抗體，應該在懷孕前施打疫苗。而在懷孕期間，不可施打活的減毒疫苗：德國麻疹疫苗、水痘疫苗等，所以建議至少在懷孕前 1 個月施打。

　　至於流感以及百日咳、白喉、破傷風三合一疫苗都屬於減毒疫苗，懷孕期間可以接種，接種流感疫苗後可能會有類似感冒的症狀，如發燒、頭痛、肌肉酸痛等，通常 1、2 天內會消失，剛接種可能有注射部位疼痛、紅腫，很快會恢復，而接種百日咳白喉、破傷風三合一疫苗只會有局部疼痛、紅腫等症狀產生。

♥ 懷孕初期

1. 記得要定期作產檢！
2. 飲食要均衡，體重僅須增加 2～3 公斤。
3. 有孕吐困擾的準媽媽，少量多餐，盡量吃些清淡的食物。
4. 多休息，避免激烈的運動。
5. 不要憋尿，並讓陰道和尿道保持乾爽不悶熱，以免細菌、黴菌孳生。
6. 養貓的家庭，可作抽血檢查來判斷體內弓漿蟲感染的情形。
7. 補充葉酸。

♥ 懷孕中期

1. 高齡產婦建議加做羊膜穿刺、高層次超音波等檢查。
2. 懷孕中期，建議每週增加 0.5 公斤，每天需要比懷孕前多吃 300 大卡的熱量。
3. 補充鐵質與鈣質。
4. 可以塗抹乳液、按摩霜或妊娠霜等來改善妊娠紋，且避免快速增胖。
5. 隨著胎兒長大，準媽媽開始出現腰痠背痛的症狀，除

好孕媽咪
總複習

了按摩之外，平常可用托腹帶，協助支撐越來越大的肚子。

6. 多吃新鮮蔬果與多喝水，養成定時排便的習慣，排便時腹部不宜過於用力。

7. 注意懷孕併發症包括了妊娠高血壓、子癲前症、胎盤早期剝離、前置胎盤、妊娠糖尿病等等。

♥ 懷孕後期

1. 懷孕後期，隨時注意胎動狀況。

2. 和懷孕中期一樣，每天要增加 300 大卡的熱量。在整個孕期的體重增加控制在 12 ～ 15 公斤。

3. 因為子宮太大會頂到胃部，造成孕婦食慾不振。應改為少量多餐的進食方式，但仍要吃些食物，以免胎兒吸收不到足夠營養。

4. 睡覺時將腳部墊高或是輕輕按摩腿部，減緩腿部水腫的情況。

5. 避免久坐或久站，建議飯後可起來走動一下。

Part 3

產期

分辨產兆・注意產期・自然產還是剖腹產？

做好身心準備，迎接寶寶的到來

「動咚、動咚、動咚……」從儀器裡傳來了胎兒的心跳聲，即將生產的孕媽咪聽到後感到既安心又放鬆。懷孕40週當中的每階段都有不一樣的關卡，尤其是最後要面臨的生產階段，更讓大家繃緊神經觀察自己的胎動頻率、胎心音是否正常……等等。其實，與其自己擔心，不如與醫師好好配合，按時產檢，就能掌握孕媽咪與胎兒的狀況。

分娩過程雖然會痛苦，但並沒有那麼可怕，只要做好身心準備就能克服分娩帶來的恐懼、減輕疼痛感，安心迎接寶寶的到來。如果孕媽咪在孕期可以先瞭解一些關於分娩的知識，有利於降低對於分娩中的未知情況而帶來的不安。

♥ 產兆出現了嗎？

「醫師，我好像要生了……」從接近預產期的前一週，亞真就開始緊張兮兮的以為快要生了，只要一感覺肚子有點緊繃就立刻飛奔到醫院，已經被醫院退貨三次的她很無奈的說：「我到底什麼時候才會生？」

像亞真這樣的準媽咪其實不少，所以，如何分辨真假產兆以便能在對

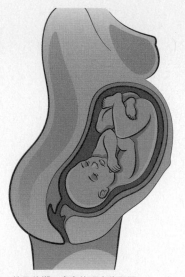

懷孕後期，寶寶的頭會往下沉。

的時機去醫院待產，是產前很重要的功課。以下四種信號是準媽媽分辨寶寶即將出世與否的重要依據，就讓我們一起來瞭解吧。

分娩前 4 大徵兆

✿ 子宮底下降

懷孕到了晚期，子宮底下降，腹中的胎兒開始為出生做準備，頭部漸漸往下沉，稱之為「胎頭下降」。一般來說，孕媽咪在外觀上肚子會比較下垂，這時感覺起來比較輕鬆一些，胃口也會好一點，而肚子摸起來則有點硬硬的，有時會感到腹部變緊。

此外，有些孕婦會擔心「胎頭下降，是否表示立刻要生了？」不過，醫師並沒辦法以「胎頭下降」來評估孕媽咪何時會生產。孕婦也不用一知道胎頭已下降就急著去醫院，這只是分娩前的信號燈，並不代表真的要生

產了,不用急著入院待產。我們還是以破羊水、規則陣痛來判斷是否快生產,以及何時該去醫院會比較準確。

不過,假使懷孕週數還不足 37 週,就已經有「胎頭下降」的現象,那麼建議孕媽咪去醫院檢查子宮頸是否變短,確認是否有早產的跡象。

✿ 落紅

孕媽咪分娩前,子宮頸會變薄、變軟,因而產生淡紅色或褐色血絲的黏液分泌物,這是子宮頸正在擴張的徵兆。一般「落紅」的出血量並不會太多,少於月經流量,如果「落紅」出血量過多,則要及時入院觀察,防止意外的發生。

此外,我也遇過準媽媽「落紅」之後過了 1 週仍沒有任何陣痛跡象。所以準媽媽不需要一看到「落紅」就馬上來醫院報到,這只是分娩前的信號之一。

✿ 破羊水

羊水,就像是一座游泳池,胎兒能在其中活動、變換位置,可說是保護胎兒的液體。在懷孕 16 週以前,羊水是由媽咪身體組織滲透出的少許液體,但是 16 週以後,胎兒會喝進去再排出來,形成一種循環。

生產時,羊水也會發揮潤滑的功效,幫助寶寶順利從產道通過,所以要特別注意產前一個月內羊水是否過多或過少。如果羊水過少,可能是胎兒的腎臟沒發育完善,無法排尿所致;如果羊水過多,則可能是罹患妊娠糖尿病所致,必須特別注意。因此一般醫師會在超音波檢查時,評估目前的羊水量。

此外,羊水也是生產時的一種產兆,當孕媽咪有淡黃色液體呈噴射狀或滴流狀從陰道流出,感覺像在尿尿,就是「破羊水」的現象,這代表寶寶就要出生了,因此可要謹慎些。破水的量多寡、流速快慢會因人而異,而且也並非破水之後就會馬上生產,但是由於破水有感染的可能性,所以必須盡快就醫,24 小時內將寶寶生出。

有些孕婦破羊水的量較少,以為只是分泌物比較多,來產檢時才告訴醫師說一直有透明水狀液體流出。我建議,如果不確定是否破羊水,應該去醫院以羊水試紙或超音波做檢查。

此外,如果羊水大量流出,孕媽媽第一時間應該先平躺下來,將枕頭放在臀部下方,盡量讓臀部保持高一點的位子,並用乾淨的浴巾或毛巾鋪在下方。千萬不要再去洗澡,因為當羊水破了之後,一旦有細菌或者髒水進入陰道,則很有可能影響到小寶寶的健康,所以應該請家人立即收拾東西,準備去醫院待產。

✿ 規律陣痛

常常有準媽媽在問:「是不是肚子痛就是要生了,應該馬上進醫院?」事實上並非如此,有時「肚子痛」只是假性宮縮,必須等到規律陣痛,才是分娩的主要信號。

如果初產婦每隔 3 ～ 5 分鐘子宮就收縮一次,每次子宮收縮時間持續

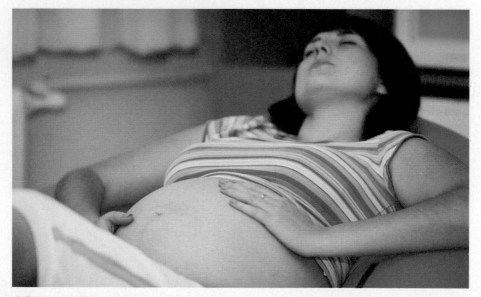

感受到陣痛時別慌張,先靜下心來觀察產兆。

約 30 秒～ 1 分鐘；而經產婦子宮每隔 10 ～ 15 分鐘收縮一次時，就可以至醫院檢查。倘若陣痛頻率不規則，可以先在家觀察一個小時；不確定的話，亦可打電話給醫院的產房詢問。

有些準媽咪的孕期假性宮縮比較頻繁，特別是到了最後一個月，宮縮頻率會越來越高。如果痛到坐立不安，工作和生活受到影響，也應該立刻到醫院就診。

在孕期的最後幾週，準媽媽可能會感覺到一些分娩的信號，有的會出現不規則的宮縮，有的會落紅，四個產兆出現的先後順序不一定，也不一定都會出現。總之，產前一定要諮詢醫師充分了解各種產兆，就能夠在出現徵兆時做比較正確的判斷，避免成為臨產前老是被「退貨」的孕媽咪。

好孕 小知識

宮口開幾指才能去待產？

宮口開的大小，與寶寶什麼時候出生有關係喔！

開宮口，又稱子宮頸口擴張。隨著產程的進行，子宮口逐步擴張，直到能允許正常大小的胎兒通過，也就是直徑為 10 公分為止，整個過程就被稱為開宮口。

要想知道孕媽咪的子宮宮口開了幾指，這可不是孕媽咪自己就能感覺出來的，而是要請醫生或護士內診。

當孕媽咪已經有產兆時不要緊張，等有規律性宮縮才是真正要生產，很多媽媽雖然有了產兆，或是已經有不規則陣痛，但是宮口未開還是不須入院待產，要等開到 3 ～ 4 指的寬度時，準媽咪就可以住院待產了。

♥ 預產期過了還不生？我想卸貨了！

終於接近預產期，心情緊張又期待。

懷孕初期帶著喜悅的心情，期待著與寶寶見面的日子，隨著肚子一天天變大，心裡開始充滿緊張和焦慮。許多孕媽咪每天都會仔細觀察宮縮密度，以及有沒有落紅、破水等產兆，深怕自己錯過了任何風吹草動。但都已經過了預產期，身旁親朋好友也不斷問：「要生了沒？」怎麼小寶貝還不退房呢？

過期妊娠的影響

孕媽咪挺著大肚子全身不舒服，希望肚裡的寶寶知道媽咪的辛苦，趕緊順利生出來！一般而言，懷孕 37 週之後就算足月，此時生產都算正常，而 40 週以上，才叫「過期妊娠」。

如何知道自己是否「過期妊娠」？因為每個人的月經週期不同，如果利用月經週期來推估預產期，經常會有些許的誤差，幸好現在可藉由超音波檢查精準的推估預產期。推測方式為，在懷孕初期以測量頭臀徑為主；懷孕中期則以測量胎兒頭徑大小為主；到了懷孕後期，有的胎兒長得快，有的胎兒長得慢，因此就會比較不準確，所以應在懷孕初期就正確推估，當超過預產期仍未生產時，才能與醫師討論何時該催生。

一旦過了預產期，孕媽咪可要注意胎兒在子宮內的情況，由於懷孕

40 週之後羊水會開始減少，胎盤功能退化，供應胎兒的氧氣和養分也會減少，因此，一旦超過預產期以後就要特別留意胎動。

過了預產期，該去催生嗎？

門診裡常有孕媽咪問道：「醫師，我怎麼一點都沒有要生的跡象，都已經過了預產期，如果催生好嗎？會不會需要剖腹產？」

也有些孕婦會抱持著這種期待：「聽說催生很痛，而且我想採用最自然的方式生產，不要提前催生。」

那麼超過預產期多久要去催生呢？超過預產期一天？還是要等一週或兩週？站在醫師的立場，會比較「繼續懷孕」和「讓胎兒出來」，哪個選項對媽咪和胎兒比較有利，來判別是否催生。

產檢時會以新生兒出生的週數與健康狀態來看，如果沒有其他特殊狀況，催生或是剖腹產盡量在 39 週以後進行。也有孕媽咪為寶寶挑選良辰吉時想剖腹產，結果評估確認有危險，無法繼續等待，就要進行剖腹產的案例。

另外，此時期也要考慮胎兒會不會有吸到胎便的危險。我曾經碰到有孕婦已經過了預產期 1 週，後來雖然順利自然產，但是胎兒已經解出大便到羊水裡面，而發生吸到胎便的狀況，所以寶寶必須趕緊送加護病房。

所以，40 週以後就可以考慮催生了，畢竟母胎安全才是最重要的前提。

多爬樓梯有助生產嗎？

已經過了預產期卻還沒生產，有些孕媽咪告訴我說：「聽說每天多爬樓梯，比較容易生，所以我現在都努力爬樓梯。」

做這個運動主要是希望幫助骨盆底與大腿肌肉群放鬆，不過，在樓梯上上下下容易踩空跌倒。我建議，其實多走平路即可，而且一定要穿著舒適的防滑平底鞋慢慢走，做些力所能

及的動作為宜，如果感到累了，應當馬上休息。

其實，臨近預產期，肚子明顯增大，行動笨重，很容易疲勞，有些準媽媽就什麼都不做，整天躺在床上待產，這種做法也不好。在等待生產之前，建議準媽媽做些產前運動和呼吸練習，一方面可以讓情緒放鬆、避免全身肌肉過於緊繃，也可以增加產道肌肉的強韌性，有助於產婦將來的順利分娩。

也建議準爸爸在預產期前的一個月開始，盡量減少外出應酬，多在家陪陪準媽媽吧！或者帶她去散步，多陪她聊聊天，讓她減少分娩的恐懼，這些都是非常必要的。

好孕 小知識

引產跟催生有什麼不一樣？

由於一般人常將引產和催生混淆，因此大多數的婦產科醫師在向孕媽咪說明時，大多用「催生」兩字來表示。而引產和催生兩者區分如下：

♥ **引產（Induction）**：在還沒有產兆之前，用人工的方法引發產兆，是積極的介入。

♥ **催生（Augmentation）**：已經發生產兆，但是其強度不足以推動產程，因此使用人為的方式加速生產的過程。

因為所用的藥物類似，甚至是相同的，且目的也都是要幫寶寶生出來，所以才會經常被混淆。

一般孕婦以及家人聽到「催生」這兩個字時，就想到疼痛與危險的過程，所以都會覺得可怕，因此有排斥感。催生，其實是醫師幫助產婦的一種醫療方法，當然，除非狀況需要，不然醫師也不會貿然催生。

💜 選擇適合自己的生產方式

在母嬰網站、討論區中，常見到孕媽咪在詢問：「到底該選擇自然產，還是剖腹產？」

懷孕到了快分娩的時候，對產婦來說，選擇一種合適自己的分娩方式關係著生產是否能夠順利，因此，除了醫師必須審慎評估之外，產婦自己也要慎重考慮。

生產方式比一比

「郭醫師，我可以剖腹產嗎？」玟如摸著肚子問我。

「現在還不到 32 週，怎麼會想到要剖腹產呢？」我好奇的問。

「上次聽我同學說她的生產過程，足足痛了兩天兩夜都生不出來，最後還是剖腹產，真是吃足了全餐啊！」聽了周遭親朋好友的經歷，擔心自己生不出來的孕婦還真不少。

當然，也有另外一種狀況。

「郭醫師，我很想自然產，聽說這對胎兒比較好，而且我擔心剖腹產之後容易有腸沾黏的問題。」妍潔皺著眉頭說。

「現在才 32 週，想要自然產還要看胎位是否正常。不過，現在手術技術很先進，腸沾黏的問題極少發生在剖腹生產後，不用太擔心。」

在門診時，也有孕媽咪告訴我，不論如何就是希望自然產。

一般而言，生產可分成自然產與剖腹產兩種。自然產是指胎兒經由產道生下；而剖腹產則是利用手術，使胎兒不用經過產道，直接從子宮中取出的生產方式。

以上兩種生產方式，其實並沒有好壞之分，而是要看哪一種適合自己，一般情況下，自然產由於復原較快，住院時間較短，而剖腹產則較接近手術治療的模式，要多點時間恢復，住院時間也較長。

在門診時，也不乏高齡產婦希望剖腹生產，雖然高齡產婦剖腹產的比例較高，但是自然產成功的案例也不少。畢竟，剖腹產的傷口復原期比較久，所以除非有不得已的情況，否則我仍然建議採自然生產。事實上，大部分的分娩是以自然生產方式為主的，除非有一些狀況無法自然生產，以下列舉一些必須剖腹產的狀況。

生產方式優、缺點比較

生產方式	優點	缺點
自然產	・產後傷口復原較快 ・體力恢復較快 ・生產後可立即進食 ・併發症少	・產後易脫垂、尿失禁等後遺症 ・生產前陣痛的困擾 ・陰道鬆弛問題
剖腹產	・不會感到生產疼痛 ・可避免自然生產過程中的突發狀況 ・陰道不易受到影響	・傷口易感染或沾黏 ・出血量較多 ・生產後復原較慢，住院時間較長

哪些人適合剖腹產

✿ 臍帶繞頸

「醫師，我在 33 週產檢時發現臍帶繞頸，整晚擔心得睡不著覺，我是不是要剖腹產了呢？」美真垂頭喪氣的這麼問。

臍帶是一條有彈性的養分輸送帶，所以，即使超音波檢測出胎兒臍帶繞頸，孕媽咪也不用太過緊張，這是很常見的現象，並不表示胎兒一定會因此窒息或有立即的危險性。

但是，如果有臍帶打死結這種狀況就比較危險，因為母體的養分與氧氣可能無法順利輸送給胎兒，因此，如果胎動量少了一半，或是整日沒有胎動，就務必趕緊去醫院檢查，讓醫師來評估是否需要進行剖腹生產。

✿ 胎兒過大或過小

到了懷孕後期，醫師會根據胎兒的頭圍與腹圍來評估胎兒的體重，如果胎兒過大（大於 4,000 公克）或胎兒太小（小於 1,500 公克）的話，一般醫師都會建議採取剖腹產。

如果有子宮肌瘤，則要看子宮肌瘤的大小與位置來決定生產方式。若是子宮肌瘤擋住產道，則宜採剖腹產；要是肌瘤並未擋住產道，則可採自然產。

當然也是有胎兒過大但孕婦仍堅持要自然生產的狀況，不過比較擔心造成產程遲滯，造成肩難產，或是產前產後窒息等等比較棘手的狀況。而母親也容易因為胎兒過大，使得子宮長時間過度拉扯，影響產後子宮收縮的狀況。

此外，也要測量媽媽的骨盆大小，並非單獨看寶寶的體重。有些媽媽的骨盆較小，或是胎頭、骨盆的角度不吻合，都會增加自然分娩困難度，這時可能就要考慮剖腹生產。

✿ 胎位不正

只有「正常胎位」，才能自然生產，那麼正常胎位怎麼看呢？其實這裡的胎位指的就是「頭位」，想要自然產，胎兒就必須臀部朝上、頭部朝下在骨盆入口處。

頭部在其他位置則為不正的胎位，常見的有臀位、橫位、枕骨後位、顏面位與複合位等，有這些情況時都要採取剖腹生產的方式比較安全。

正常來說，通常懷孕 32 週之後，胎兒就會自動轉成頭下腳上的位置，到了懷孕 35 週左右就會決定胎位是否正常，因為此時子宮內的羊水越來越少，胎兒已經沒有空間再大幅度翻轉，所以可否自然生產已經大致確定，孕媽咪也不用急著太早決定生產方式。

胎位可以喬正嗎？

臨床上也是有胎兒到了足月，胎位改變的案例，不過，越接近生產，胎位改變的機會愈小。一般會建議胎位不正的孕媽咪，採取「膝胸臥式法」調整不正的胎位，但是，有時候胎位不一定能翻轉成功。

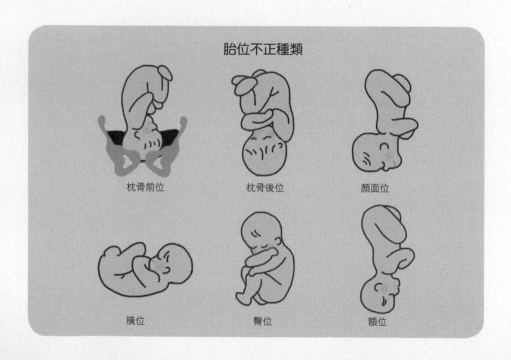

胎位不正種類

枕骨前位　　　枕骨後位　　　顏面位

橫位　　　臀位　　　額位

此外，如果有子宮肌瘤或子宮異常的孕媽咪，用此方法想調整胎位的效果不大。

至於如何知道胎兒是否已翻轉至正常胎位了呢？其實，孕媽咪可以去感受胎動時所踢的位置，如果是在膀胱附近，就表示胎位尚未喬正；如果胎兒踢的位置是在胃部附近，則表示胎位已經正常。當然，也可以請醫師以超音波來作判定。

✿「膝胸臥式」動作

姿勢有點類似倒立，因此不要在飯後進行。以下詳細分解步驟：

1. 雙膝跪在地上，打開與肩同寬的距離，大腿盡量與地板垂直。

2. 身體採俯臥姿式，肩膀與胸部盡量貼近地板。

3. 雙手手肘放在頭部兩側的地面上。

一般來說，建議在孕期 32～35 週時，每天早晚各做 10 分鐘的膝胸臥式。可別等到產前一個月才想要來做，因為此時胎位已經差不多固定了。還有些孕媽咪會擔心：如果胎位已正，持續做膝胸臥式，胎兒會不會又跑到不正的胎位呢？這一點倒不用太過煩惱，因為頭部若進入面靠子宮頸下面狹窄的地方，就很難讓寶寶再翻回去不正的胎位。

前置胎盤

通常在懷孕 20 週時，因為胎盤著床位置較低，擋住子宮頸口，此即符合「前置胎盤」的定義。

一般可以分為下列四種狀況：

1. 完全性前置胎盤：胎盤完全蓋住子宮頸內口。

2. 部分性前置胎盤：胎盤蓋住部分子宮頸內口。

3. 邊緣性前置胎盤：胎盤蓋住子宮頸內口的邊緣部分。

4. 低位性前置胎盤：胎盤並未蓋

住子宮內口，但位於子宮下段，著床離子宮頸內口很近，約 2 公分以內。

發現有前置胎盤狀況的孕媽咪，通常有七成以上至少曾遇過一次以上的無痛性出血。另外也可能因為大量出血或胎盤狀況不佳、胎盤早期剝離等因素而提前生產。

但是，隨著肚子變大，有些孕媽咪的胎盤也會跟著向上提升，而遠離前置胎盤的危險性，因此，如果在懷孕 30 週後，胎盤位置仍過低，就會確診為前置胎盤，甚至也有媽咪懷孕 36、37 週後才確定有前置胎盤，要特別注意的是，若有發現大量出血的狀況，一定要盡快就診安胎。

若屬於完全性的前置胎盤，因為自然生產的通道完全阻塞，在以安全為前提的考量下，無法考慮自然生產，是符合健保給付的剖腹產適用症。但如果屬於低位性或邊緣性胎盤，則需要經醫師進一步評估是否能自然產。

有前置胎盤的準媽媽在生活上應注意下列幾點：

1. 孕期暫時避免性生活，或是有壓迫腹部的舉動。

2. 在家多休息，避免搬重物、過度彎腰拖地等增加腹壓的活動，當然也不宜跳動。

3. 產檢時，避免內診或陰道超音波。

4. 注意每日胎動，如果整個白天未察覺胎動，應到醫院檢查。

5. 如果合併有妊娠高血壓，應該遵照醫師指示控制好血壓。

總之，除了規則產檢並遵從醫囑外，日常生活也要多留意，一旦有出血症狀則應即刻就醫評估及治療，才能確保母子均安。

胎盤早期剝離

胎盤早期剝離是指在胎兒出生之前，胎盤就全部或部分從子宮壁剝離下來。一般正常情況，胎兒在生產出來後，胎盤才會從子宮壁剝離。但是，如果胎盤狀況有異常，就可能在

分娩前發生胎盤剝離的現象。

當孕婦發生子宮劇烈疼痛合併陰道出血，就要盡快就醫，若不及時處理，可能會危及產婦與胎兒的生命。因此，如果產婦不能在短時間內結束分娩，一旦有胎兒窘迫現象，或產程無進展等等情況，醫師就會根據狀況判斷需不需要改進行剖腹手術。

有上述幾種狀況的孕媽咪，請切記要與醫師密切溝通，千萬不要貿然做決定！若有危及胎兒或產婦的狀況，就要請婦產科醫師評估原因，判斷是否需要剖腹產或提早生產。

此外，如果懷孕 37 週以前的孕媽咪出現宮縮或出血的現象，就要好好臥床休息，別太密集安排活動，也盡量避免出遠門，若有必要可先與產檢醫師溝通視情況決定，以免發生流產或是早產的狀況！

情況嚴重時，也應遵照醫師指示服用安胎藥，或到醫院打安胎針。

好孕 小知識

一次剖腹產，終生剖腹產？

「醫師，我上一胎因為胎位不正所以剖腹，這一胎也一定要剖腹嗎？」曾剖腹過一次的孕媽咪這樣問我。

之所以在手術室裡生產，主要原因是擔心子宮破裂。以前，剖腹手術是垂直切開腹部，也就是子宮的上方切開，因此擔心日後自然分娩容易造成子宮破裂；近來，多半是採用橫向切開子宮的下方，假如之後還要生產造成子宮破裂的機會就大為降低。也就是說，只要母親骨盆夠寬、胎兒不要太大，且無其他必須剖腹產的情況時，也可以試試看自然生產。

但是，這種狀況下的產婦，一般來說生產時間不宜太長，如果有產程延滯的情形，還是建議採取剖腹產為佳，避免發生危險。

安妮醫師的
美麗好孕叮嚀

　　經常聽到別人說分娩很痛苦，因此不少準媽媽會自己嚇自己，一提到分娩就開始緊張。在門診中經常聽見孕媽咪問：「哪種生產方式比較不痛呢？」一般來說，自然產要面對的是生產前的疼痛，而剖腹產在生產過程沒有經歷自然產的痛，但手術後一樣要面臨傷口的恢復期。生產過程雖然因人而異，但有許多孕媽咪分享經驗時都認為，無論在生產過程中經歷了多少痛楚，當寶寶健康順利的出生後，一切都值得了。

事先準備生產包

　　近預產期時，孕媽咪可以提前備妥生產包，並放在家中易取得處。一旦出現產兆時，可以立刻拿了就去醫院。不過，現在的醫院、診所都有設置販賣處，因此也可以等到入院後再準備這些待產用品。不過，生產包當中最重要的是個人證件以及《媽媽手冊》，若是有些人用不慣醫院的東西，習慣用自己的物品，那麼還是事前準備比較好喔。

生產包必備物品

☐ 夫妻雙方的身分證件（辦理入院手續，以及寶寶的出生證明）。

☐ 看護墊（鋪在床上，以防破水、惡露而弄髒床墊）、產褥墊與衛生棉（防止惡露流出時用）。

☐ 孕媽咪的健保卡及孕婦手冊。

☐ 免洗內褲。

☐ 沖洗瓶（用來裝溫水清洗外陰部，一般醫院皆可買到）。

☐ 產婦個人盥洗用具。

☐ 產婦與新生兒出院時穿的衣服各一套。

☐ 剖腹產者應攜帶束腹帶固定傷口，以免不慎拉扯到傷口。

☐ 哺乳相關用品、尿布、濕紙巾等。

除了生產包，還有一些準備工作也別忘了：

☐ 最好預先演練一下去醫院的路程和時間，尤其是交通擁擠時。

☐ 是否有人時刻守護在孕婦身邊？

☐ 將家裡的事情安排好，請人幫忙照顧孩子、寵物和處理家務。

☐ 工作的事情是否交接好了？讓上司和同事知道你的預產期。

生產前的準備工作

「醫師，生產一定要剃毛、灌腸、剪會陰嗎？」準媽媽一臉害羞的問我。許多準媽咪們其實都超級關心這個話題，但總是不好意思或不知如何去了解它。以下將這些問題稍作整理，希望對即將生產的妳會有所幫助：

✿ 剃毛

通常只會在靠近會陰部的地方進行剃毛，因為在生產過程中，會陰多少會受到撕裂傷，希望在產後處理傷口時，比較容易進行，此步驟並非絕對需要。

✿ 灌腸

目的是先行排出靠近直腸部位的宿便，以免產婦在生產過程中沾污會陰傷口，增加可能感染的機會。生產前的灌腸手術與一般外科手術或是腸胃檢查前，要作的腸道完全淨空準備不太一樣。用於產婦的灌腸不會有不舒服的感覺，這個步驟也不是絕對需要。

✿ 會陰切開

目的是希望擴大產道以協助分娩，所以一般都會先打局部麻醉藥劑才進行。當然，也希望生產時可以「導正」傷口裂開的方向，避免撕裂傷擴及肛門括約肌或直腸。

在生產前可以先與醫生溝通，瞭解其中的優缺點，再去思考要不要實施。如果醫院或醫師在生產前沒有提出，孕媽咪也可以主動詢問，醫師應該都會樂意去配合。

分娩時的注意事項

　　分娩是孕育生命的最後一個環節，有的產婦生產超級順利，我曾經遇過一位孕媽媽都開 3 指了，絲毫沒有感覺到陣痛，她只覺得肚子酸酸的才來待產，護士內診後連忙把她「趕上」產床，不到 1 小時就生了。直到生完了這位孕媽咪還不敢相信：「生孩子怎麼這麼快，還沒痛到就生完了？」

　　不過，大多數產婦都屬於下列這種情況：從 1 指開到 2 指，2 指開到 3 指……每一指都等得很辛苦，總感覺距離生產結束「遙遙無期」，有些人甚至有超過一天的陣痛而筋疲力竭。

　　一般來說，分娩過程很耗費體力，正常的產程對於初產婦來說，從規律宮縮到子宮頸全開，大約需要 12 ～ 14 小時；子宮頸全開到生出寶寶，大約需要 1 ～ 2 小時。對於經產婦來說，從規律宮縮到子宮頸全開，大約需要 8 ～ 10 小時，子宮頸全開到生出寶寶，大約需要 0.5 ～ 1 小時。以上僅為參考的平均值，實際情形會根據每個孕媽咪的狀況而有所不同。

　　除非是急產，否則每位產婦都要保持足夠的體力才能順利分娩。所以，準媽媽應在產前多了解實際待產的狀況，才不會因為慌亂、害怕，而忽略了醫生和助產士的指導，導致產程不順。

那麼，分娩時孕媽咪該如何配合醫生呢？

✿ 第一產程：宮口擴張期

連續幾次宮縮，婉蓉就覺得受不了，躺在病床上狂喊，護士急忙進來檢查一下，溫柔地告訴她：「妳現在才開5指，不要喊了，要留點力氣生孩子！」

的確，在第一產程最重要的就是維持體力，產程是否順利，跟孕媽媽是否把力氣用在「對的時刻」很有關係。每個人的體力都不相同，但是一定要保持體力，才能讓漫長的產程順利。如果這時子宮收縮還不是很緊，孕媽咪可以放鬆一點或是下床走動，也可以和其他人聊聊天以分散注意力。

當子宮開始急遽收縮，這時身旁親人的關懷和鼓勵就相當重要了，除了可以在語言上給予打氣，也能做一些呼吸法轉移準媽媽的注意力，或是按摩緊繃的肌肉來緩解宮縮的疼痛。

此外，在第一產程的時候也別忘了按時排尿、排便，避免膀胱充盈影響到寶寶的下降。

✿ 第二產程：子宮頸全開至胎兒娩出

在第二產程最重要的就是正確用力，如果孕媽咪太過緊張，難以集中精神用力，將會拖延分娩的時間，使產程延長，反而讓疼痛感大大增加。

這時產婦應該要按照醫生的指導，或孕期所學習的方式進行用力，在宮縮出現的時候先深吸氣，然後憋住氣並向下用力，就像排便時的狀態。這段期間相當耗費體力，在宮縮間隙，孕媽咪要稍作休息，不要隨便用力。

在待產過程中，有時候會發生緊急的意外狀況，可能要根據產婦和胎兒的需要，使用產鉗、上吸盤等工具。不過，每一個產婦的各別情況都不盡相同，

而且有許多產程的變化也無法完全事先預知，所以千萬不要自作主張，要聽從醫護人員的指導。

✿ 第三產程：胎兒娩出至胎盤娩出為止

在孩子出生以後的 5～10 分鐘，胎盤及包繞胎兒的胎膜會隨著子宮收縮而排出體外，如果沒有分離，通常透過母親出力或是醫師的按摩也會排出。但是，如果胎盤沒有排出，而且有大量出血，也不要著急，聽從醫師指導進行剝離，以免失血過多。

在第三產程以後，產婦一定要保持情緒的平穩，好好休息，如果有任何狀況，一定要馬上告知醫生。

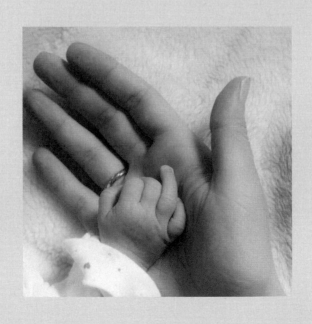

好孕 小知識

該不該選擇無痛分娩？

待產期間，選擇無痛分娩也是輕鬆度過難熬產程的一個不錯的方式，不但大大緩解分娩時的疼痛，準媽媽還可以下地自由行走。有不少媽咪形容：「打了無痛分娩之後，簡直從地獄到了天堂！」目前這個方法，越來越受廣大孕產婦的歡迎。

無痛分娩的好處，產婦在第一產程得到充分休息，對之後的胎兒娩出十分有利。待子宮口完全打開，產婦便擁有足夠的產力順利完成分娩。不過，也有醫生認為使用減痛分娩，會讓準媽媽對疼痛的反應變得遲鈍，在產程過程中會出現用力時無法集中且用力不正確的情況，因此在進入第二產程前，就會將麻醉拔掉。

無痛分娩時可能會發生一些副作用，例如：暫時性的發抖、低血壓、嘔吐，而頭痛、腰酸背痛、感染、抽筋、藥物過敏或麻醉止痛不全的情況則較少發生。

無痛分娩所用的麻醉藥物並不會對胎兒和產婦的身體健康有影響，而且經由胎盤吸收的藥物量，可說是微乎其微，不太會影響到嬰兒的大腦健康。只是無痛分娩雖然可以減輕疼痛，卻並不是每個產婦都適合施打，應該先向醫生諮詢過後，再由醫生來決定是否可以進行無痛分娩。

好孕媽咪
總複習

♥ 預產期前 1 個月

1. 與婦產科醫師確認生產方式為自然產或剖腹產？
2. 定期做產前檢查。
3. 準備生產包，並放在顯眼處，以備不時之需。
4. 確認嬰兒用品與哺乳用品準備好了沒？
5. 準媽媽多留意子宮收縮的情況是否過於頻繁？

♥ 預產期前 2 週

1. 避免獨自外出，或是到交通不便之處。
2. 溫習臨產前的注意事項。
3. 留意是否有產兆發生？
4. 應避免性生活，以免造成早期破水。
5. 向醫師諮詢是否可施打無痛分娩？
6. 萬一發生急產，要保持冷靜，並盡快就醫。

♥ 超過預產期時

1. 與醫師討論催生的必要性。
2. 準媽媽自己要多觀察胎動情況有無異常？
3. 適度活動，如瑜珈、散步等等，以幫助生產。

Part 4
產後
避免後遺症・產後不憂鬱
性福美體法則・哺乳健康照護

當個身心健康的快樂媽咪

　　當媽咪滿心歡喜的迎接小寶寶時，也需要多加留意自己的身體狀況，是否有發燒、下腹疼痛、不正常分泌物或出血等症狀？有一些惱人的問題也開始困擾著產後媽咪，像是尿失禁、身材走樣、心情焦慮等等。

　　其實，這些困擾都能預防或克服，新手媽咪對產後容易發生的症狀和護理方式一定要多加了解，只有做好產後調理，才能當個快樂媽咪。

　　此外，保持懷孕前的身材與樣貌是每個產婦的心願，本章也將介紹分娩後即可做的運動，以及一些美容護理方法，幫助產婦展現成熟女性的魅力，讓妳在照顧寶寶的同時也能呵護自己！

♥ 產後不留後遺症

生兒育女是女人一生中極為重大的事，為了這個神聖的使命，從懷孕開始，身體就承受了種種劇烈變化。當寶寶誕生之後，心裡滿溢喜悅與幸福，但是自然生產時，胎兒經過產道，擠壓了陰道周圍的組織，甚至連膀胱和尿道都受到損傷，因此產婦容易造成一些後遺症，例如：子宮下垂、尿失禁、陰道鬆弛等等。

所幸，拜醫療進步之賜，很多問題是可以解決的，在本章當中讓我們一起來瞭解如何克服這些後遺症，讓產婦減少困擾與傷害吧！

當個不滴漏的乾爽媽咪

「自從生完小孩後，只要每次打噴嚏、大笑時就會漏尿。而且……」婷婷欲言又止地告訴我，做月子時只要稍稍用力抱起小孩，或蹲下要起身，就忍不住溢出尿液。

這是很多產婦都有的經驗，我也常常聽到諸如頻尿、解尿解不乾淨、解尿疼痛等等的抱怨。許多媽咪在面對這些問題時，因生活品質受到影響而感到困擾。目前有很多種治療方式，可以依個人需求來選擇。

❀ 無張力尿道中段懸吊手術（無張力陰道懸吊術）

如果有尿失禁的問題，應該先請醫師評估是否需要手術治療。手術過程並不複雜，主要藉由「人造吊帶」來支撐恥骨的尿道韌帶。手術約半小時就可完成，術後 1 個月左右，傷口即可癒合。

❀G 緊雷射

採用波長 2940 mm 鉺雅克雷射的雷射光產生溫和的熱能，以此進行陰道雷射。過程無傷口，無痛感，不流血，讓鬆弛的陰道內壁產生膠原蛋白的新生和重組，達到陰道粘膜組織

反應緊實。整個療程約 10 分鐘，治療完後，所有的日常生活運動可以照常。不過，術後請間隔 3 個晚上後，才可以恢復正常性生活。

我們建議 1 個月做一次，連續做 3 年。往後若有需求，則可以在每年年度抹片檢查完成時進行一次保養。

勤做凱格爾運動可改善漏尿。

✿ 凱格爾骨盆底運動

生產完的輕度漏尿問題只要勤做「凱格爾骨盆底運動」，便可加以改善。方法很簡單：

1. 平躺在床上，兩膝彎曲且微微張開。

2. 練習收縮骨盆腔肌肉，將會陰部分（尿道、陰道、肛門口附近的肌肉）向內縮或上提。

凱格爾運動的重點在於陰部要用力，有些產婦錯以肚子用力，反而造成腹壓增加，讓子宮脫垂的現象更加嚴重。因此，在練習時可以將一隻手放在肚子上，確認肚子呈現放鬆的狀態。這運動就像是中斷解尿的感覺，但是千萬別在解尿時進行，這樣容易造成尿道感染喔！

建議產婦可以在洗澡時練習，首先將手指洗乾淨，食指輕輕放入陰道，肚子放鬆、會陰部用力，感受食指是否有被擠壓，如果有的話就表示做對了！

凱格爾運動必須持續做才能得以改善，每天定時定量的練習，每組 10 次，一次內縮維持約 5 至 10 秒，接著放鬆約 10 秒。每天至少做 2 次，才能達到強化肌肉的成效。坐完月子之後，可以利用看電視，或是坐在辦公室的時候運動，不僅可以改善尿失禁，也能恢復陰道彈性。

一般而言，這些現象大約在 3 個月內可以恢復，一旦泌尿問題持續超過半年，媽媽們應該要提高警覺迅速就醫。

陰部修護

陰道不但是夫妻間「性福」的重要角色，在孕育新生命的過程中還扮演了「產道」的角色。因此，產後媽咪們最關心的話題之一就是如何快速恢復陰道的功能與健康。陰道其實是彈性很大的一塊肌肉，它的復原力也很強，但如果沒有小心照料，也很容易發生問題。

✿1. 清潔陰部傷口

自然產的媽咪會因為胎兒的大小、會陰部的肌肉彈性度等等因素，造成陰道不同程度的撕裂傷，生產時醫師都會進行傷口修補。

陰道撕裂傷並不需要擦藥，照護重點就是別讓惡露附著在會陰部，無論大、小號，在如廁後都要用開水清洗乾淨，減少細菌附著在會陰部傷口

的機率，大都可在 2 週內痊癒。不過，如果是嚴重的撕裂傷，可能會造成瘻管問題，必須要動手術解決。

✿2. 避免陰部感染

產後必須妥善照顧陰道傷口，否則很容易造成陰部感染，因為一般產婦都會有惡露及傷口分泌物，影響陰道酸鹼值，所以，平常要穿著透氣的內褲並且勤於更換護墊，維持陰部的乾爽及清潔。如果出現不正常的分泌物，或是有搔癢、疼痛的感覺，得趕緊去婦產科看醫生！

✿3. 恢復陰道彈性

分娩造成身體的改變，而其中最讓女性難以啟齒的莫過於「陰道鬆弛」的問題，就有媽咪不好意思在診間諮詢醫師，透過電話問：「除了靠凱格爾運動之外，有沒有幫忙恢復陰道彈性的『整形』手術？」

其實透過凱格爾運動，加強陰道的收縮力大多數可獲得滿意的成果。不過，隨著社會風氣開放及醫學美容的盛行，關於陰道修護手術也開始引

起高度的關注和詢問。

產後身體的器官都在慢慢歸位，而泌尿生殖道組織也是一樣，所以如果剛生產完半年內，有陰道鬆弛的感覺，不須急著做修護的手術，最好等至少半年之後，再由專業醫師診斷與處置。此外，也建議修護手術最好一次修補到位，當媽咪沒有打算再懷孕時，才來接受手術較佳。

產後的生活，瞬間就被照顧孩子和林林總總的瑣事給堆滿，但是媽咪們也別忘了好好照料自己，最重要的就是生產完勤做骨盆腔運動，並且細心照顧會陰傷口，大多可以避免這些後遺症發生。

好孕 小知識

產後掉髮怎麼辦？

常常有許多產婦，對於產後的掉髮情形感到很困擾，尤其是產後 3 ～ 6 個月內，很多愛美的媽咪驚覺梳頭時，怎麼頭髮一把一把地掉？究竟是哪裡出了問題？

主要是因為懷孕之後，雌激素下降，產生均勻性掉髮屬於正常現象，媽咪們不用太過擔憂。當然也並非每個媽咪都有嚴重脫髮的情形，而掉髮狀況也依照孕媽咪的體質有所不同，但是如果每日掉髮量超過 100 根以上，或是發生局部掉髮，例如：圓形禿，可能是因為睡眠不足、心情憂鬱、壓力過大所造成，此時就要多加留意，或是尋求醫師的意見。

此外，產後不當減重而使飲食缺乏蛋白質、鐵、鋅、維生素 A、維生素 H（Biotin）等，都會造成頭皮營養不良，所以媽咪們要多補充一些營養素。也可以按摩頭皮、刺激毛囊，以促進血液循環來減少掉髮。

💜 產後不憂鬱

新手媽咪育珍在產後回診時，一把鼻涕一把眼淚跟我哭訴：「我老公都沒有主動關心我、也不能體會餵母乳的辛苦……」

聽到這兒，我先遞上一張衛生紙安撫她說：「別哭別哭，妳慢慢跟我說。」育珍是個三十多歲的新時代女性，不但具有專業的工作能力，人際關係也相當不錯。婚後終於懷孕生子，本來應該開開心心的迎接新生命，沒想到從做月子到哺餵母乳，家人都有意見。育珍回到公司上班後，白天上班，晚上還要照料寶寶，把自己弄得焦頭爛額，昔日樂觀的人突然變了個樣，產後居然成了一個以淚洗面、自怨自艾的媽媽。

像育珍一樣的產婦可不少，很多媽咪們產後因為要負起照顧小寶寶的責任，以及面臨產後身體修護等問題，在情緒上容易落入低潮，因此本章節將協助大家了解產後憂鬱問題，當個快樂的媽咪。

憂鬱的原因

從懷孕開始，一直到產後，產婦在生理與心理上都會出現許多變化，有些人會變得很愛哭，也有些人心情常常焦慮，遇到事情就容易自責，究竟是什麼原因造成這些憂鬱現象？

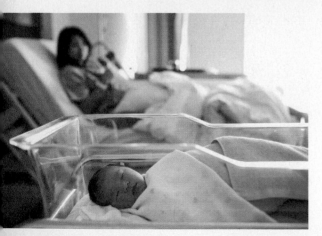
產後容易陷入憂鬱，家人朋友要適時關心。

✿1. 生理因素

　　從懷孕開始體內雌激素及荷爾蒙等黃體素急遽變化，讓媽咪情緒上的變化起伏較大。再者，產後不舒服，如生產痛、會陰疼痛，都會加重產後憂鬱的程度，如果哺餵母乳不順利，也會讓產婦變得較憂鬱。

✿2. 心理因素

　　對於當「母親」這個角色產生一些心理壓力，也擔心自己產後身材不能恢復等等，都容易讓產婦變得焦慮或認為自己無法承擔責任，此時就容易發生憂鬱現象。

✿3. 外在因素

　　懷孕期間或產後，婚姻關係、婆媳問題、經濟壓力、工作環境都會影響產婦的情緒，如果家人朋友沒有適時的關心，也較容易發生情緒失落的情形。

　　如果得到產前憂鬱症的孕媽咪，沒有好好處理情緒狀況的話，產後持續憂鬱症狀比率偏高，所以產後的情緒問題也是必須觀察及照護的重點。

　　要提醒所有媽咪，如果發覺自己情緒不穩，最好能主動告知周遭的人。家人也要多多注意產婦的情緒變化，包括：心情低落、容易焦慮、煩躁、莫名奇妙發脾氣或哭泣，或是有失眠、吃不下東西等，有以上現象就必須盡快請醫師協助輔導。

檢視產後憂鬱指數

　　生產後，產婦容易出現一些情緒問題，如果不加以重視這些心理變化，情況嚴重時，會演變成產後憂鬱。而很多媽咪產後只顧著照顧小孩忽略了自己的心情變化，甚至有輕

好孕 小知識

產後憂鬱的分類

產後憂鬱屬於產後情緒障礙的一種，可依病情發生的時間長短與症狀輕重程度分為三種類型：

名稱	盛行率	常見的發生時間	病程長短
產後情緒低落	約 30～80%	產後 3～4 天內	情緒低落現象，通常幾天便會消失
產後憂鬱症	約 10%	產後 6 週內	症狀會持續數週至數個月
產後精神病	約 0.1～0.2%	產後 2 週內	症狀持續數週至數個月

症狀	處理方式
焦慮、心情低落、脾氣暴躁、疲憊、容易流淚、失眠、頭痛、做惡夢等。	屬暫時性症狀；通常不須治療即會自行緩解，但家人須多給予心理支持。
憂鬱、情緒低落、脾氣暴躁、疲憊、失眠，常有罪惡感或無價值感；飲食障礙、容易流淚、無法專心、對喜歡的事物失去興趣或常覺得無法應付生活，覺得自己無法照顧好嬰兒等情形，嚴重者甚至有自殺的想法。	但若症狀持續超過 2 週，便需要尋求進一步醫療協助及診斷。
情緒激動不穩定、哭泣、失眠、個性行為改變；出現妄想或幻覺現象，例如：媽媽可能誤認嬰兒已死亡或被掉包；症狀嚴重者，可能會出現傷害自己或家人的妄想現象等等。	需要接受醫療照護，及住院觀察治療。

產後應多專注自己的心理狀態。

生，或傷害小孩的念頭，卻渾然不覺這是產後憂鬱症在作怪。

剛生產完，產婦大多還沉浸在為人母的喜悅之中，因此建議媽咪在產後一個月時，檢視一下自身心情感受，依照真實的情緒，回答下列問題：

· 是否常被情緒低落、憂鬱或感覺未來沒有希望所困擾？

· 是否常對事物失去興趣或做事沒有愉悅感？

· 是否會無來由的感到害怕、緊張，或是感到不安？

· 我曾經有傷害自己，或是傷害孩子的念頭？

如果上述幾個現象的確發生在您的身上時，務必要告訴家人或是尋求醫師的協助，以避免傷害發生。

情緒變化不可忽視

「我以為做月子只要負責睡覺、養傷就可以了。沒想到還得調整寶寶的作息，還有抱多抱少的問題……」育珍說每次提到照顧的問題，長輩就以過來人的態度告訴她：「我們也生過小孩，以前都是這樣養的。」但是，這些話讓育珍聽了反而更難過，覺得自己似乎沒有能力照顧好小寶寶。

產後坐月子期間，其實正是產後憂鬱症的好發期，老公和家人除了幫忙照顧寶寶之外，還可多詢問媽咪有什麼需要幫忙的，讓媽咪也需要有喘息時間。這段時間，也應該讓產婦有情緒發洩的管道，並且多以鼓勵關心來代替責備。我也建議，媽咪們做月子時身心不要過勞，盡可能多補充睡眠與休息，皆能增進身心與情緒上的協調能力。

♥ 產後美體法則

「產後小腹怎麼還是鼓鼓的，難道這就是所謂的『媽媽肚』？」

「褲子沒有一件穿得上，臀圍整整大了一圈，怎麼辦？」

現在社會多為雙薪家庭，很多產婦放完產假，就要準備回職場打拼。此時，不免開始擔心身型已經走樣變形，所以在返回工作崗位前，除了得調適育兒生活，更希望盡快減掉身上多餘贅肉。

不過，在此要告訴各位辛苦的媽咪們，懷孕期間，身體一天天在變化，當生產完之後，身體也不可能瞬間恢復，所以必須要有時間慢慢讓身體恢復以前的樣子，大家可別操之過急了。

產後肥胖的定義

產後減重不只是為了漂亮，更希望身體能夠健康。減重前先了解自己究竟該減多少。

產後肥胖的定義為「產後 6 週仍超出孕前體重 10％」。以 A 媽咪的體重變化舉例來說：

產後瘦身要找對方法。

孕前體重	60 公斤
孕期體重	75 公斤
生產後體重	68 公斤
產後 6 週標準體重	66 公斤以下

生產後扣除小寶寶的重量、胎盤、血液等約 5～7 公斤，所以 A 媽咪產後 6 週必須再減重 2 公斤。

一般而言，產後容易盜汗、消水腫，所以體重會再降個 2、3 公斤，再加上每天攝取 2,500 大卡的熱量，體重就可以正常下降。

不過，「體重」也不是胖瘦的唯一指標，如果以 BMI 值來看，介於 18～23 之間都屬於標準的範圍。此外，也要留意體脂率，女性 30 歲前的理想體脂肪率應低於 24％，30 歲以上則應該低於 27％，假使體脂率超過 30％，也可歸為產後肥胖問題。

別只是斤斤計較數字高低，如果恢復原本的體重，但仍然穿不上以前的衣物，自己離衣櫃的漂亮衣服還是越來越遠。因此，瘦身除了留意體重的變化，更要加上測量體脂與局部的尺寸，才能瘦得美麗又有型。

恢復孕前身形是每個孕媽咪的心願。

瘦身的黃金期

產後的身型恢復，究竟有沒有最理想的黃金期呢？

一般來說，女性在產後 3～6 個月內是瘦身的最佳黃金時期。不過開始運動的時間，自然產跟剖腹產又不太一樣。

自然產：媽咪出院後可視會陰部傷口的復原狀況，做些溫和的伸展運動，而產後 1 個月再開始慢慢恢復運動習慣。不過像有氧、拳擊等激烈活動，建議 3 個月後再開始參與，以免肌肉韌帶受傷及子宮下垂。

剖腹產：因為腹部傷口需要較長的復原時間，產後 2 週可從事簡單的伸展運動，而產後 2 個月左右再開始慢慢恢復運動習慣，但是要避免過度使用腹部力量或拉扯腹部肌肉。不過，激烈且有跳躍動作的運動，則建議產後半年再開始進行。

可別因為產後忙著哺餵母乳和照顧寶寶而疏於體重管理，等到度過產後減重的黃金期，可就要花雙倍的力

從簡單的伸展運動開始進行。

氣了。

產後運動九大招

「婆婆說我在餵母乳，每天都煮大餐給我吃，我都『瘦』不了了！」

有的人會認為一邊哺餵母乳一邊減重，寶寶會吸收不到營養，其實，哺餵母乳的媽媽容易餓，熱量消耗多也會瘦得快速，只要不採取過於激烈的運動、吃藥、斷食等偏激的減重手法，注意營養均衡，再搭配適度的運動，其實產後 1～2 個月即恢復孕前體重也並非不可能的任務喔！下面就來看看產後運動的九大招式。

 呼吸運動

★時間：產後 1 天
★效用：促進血液循環

 仰臥平躺，手腳均伸直。

動作 **2** 鼻子慢慢吸氣，擴張腹部。

 動作 **3** 由嘴巴徐徐吐氣，收縮腹部肌肉。

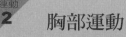

| 運動 2 | 胸部運動 | ★時間：產後 2 天
★效用：訓練胸肌，避免乳房鬆垮 |

 動作 **1** 兩手各拿一本書，仰臥躺下，雙臂向外伸開，左右腳屈膝。

動作 **2** 將雙手向前靠攏，停留 5 秒。

最後回歸原位。如圖所示做 5 次。

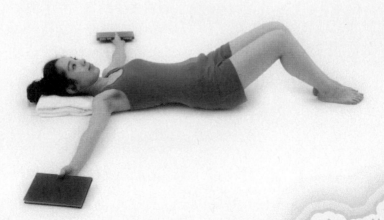

111

| 運動 3 頭部運動 | ★時間：產後 2～3 天
 ★效用：增強腹肌張力 |

 動作 1 仰臥，將雙腿伸直併攏。

 動作 2 頭部慢慢昂起，使下顎貼近胸部，不可移動身體其他部位，停留約 5 秒，再回歸原位。重複做 10 次。

 動作

❶ 收縮臀部與下腰肌肉，緊貼在床
　上，停留約 5 秒。

❷ 放鬆下腹部與臀肌。

❸ 收縮下背部肌肉，並使身體抬高
　形成小空間。

運動 5	抬腿運動	★時間：產後 5 天
		★效用：促進腹肌骨盆肌肉收縮，也可幫助子宮復原

動作
1

雙手輕鬆平放，一腳稍稍彎曲減輕腰部壓力，另一腿向上抬起約 45 度（不可勉強舉至 90 度），再輕輕放回。左右腿各輪流 5 次。

 仰臥屈膝與地面成 90 度。

 動作 2 以雙肩及雙足撐托,把臀部抬高,同時收縮臀部肌肉,採循環漸進式持續約 1～2 分鐘。

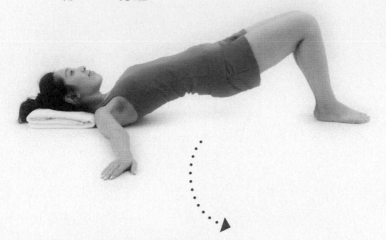

動作 3 慢慢放下臀部。每日重覆 5～10 次。

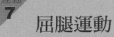

屈腿運動

★時間：產後 8 天
★效用：促進腹肌、骨盆底肌收縮，也可幫
　　　　助子宮復原

動作 **1** 仰臥，將雙腿伸直併攏。

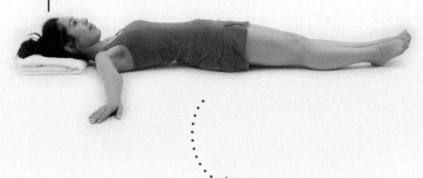

動作 **2** 將一條腿抬高，使腳後跟貼近臀部，
同時大腿接近腹部，再輕輕放回。
左右腿各輪流 5 次。

| 運動 8 | 膝胸運動 | ★時間：產後 2 週
★效用：恢復子宮位置，避免腰痠背痛 |

動作 1　雙膝跪立分開，與肩膀同寬。

動作 2　上身俯臥，胸部盡量貼近地面，雙手交叉放在頭的兩側。
每次持續 1 分鐘，再慢慢增加至 10 分鐘。

腹部肌肉
收縮運動

★時間：產後 2 週
★效用：增強腹部肌肉

 動作
1 仰臥床上，雙腳屈膝，
雙手交叉於胸前。

動作
2 利用腹部力量，將身體撐起，
初期建議雙肩離開床面即可，
每天 2 次，日後逐漸增加。

◎注意事項：上述運動時間以自然產的產婦為主要對象，若是剖腹產，
則須等 1 個月後再進行鍛鍊腹部肌肉的相關運動。

♥ 哺乳的健康照護

「郭醫師，我看電視上說某藝人產後2個月就靠哺乳、帶小孩瘦身十幾公斤，而且聽說寶寶都很健康，我想知道該怎麼增加母乳？」

小娟受到媒體報導影響，覺得哺乳不但對寶寶健康，也有利自己產後減重，因此決定加入餵母奶的行列。

餵母奶真的是好處多多，不過在門診時，也遇過下列這種情況。

「我真的是左右為難，家裡長輩覺得全母奶寶寶吃不飽，要我改餵配方奶。看到寶寶哭鬧、易醒，我也擔心是因為自己的奶水不夠，使得寶寶吃不飽，因此想要放棄餵母乳。不過，老公卻認為母奶有益健康，堅持要我餵……」

小青在哺餵初期可能因為奶水不足、寶寶不太會吸吮等原因，導致寶寶體重比出生時還輕，因此造成家人的意見分歧。

聽了這麼多新手媽媽的心聲，「餵不餵母乳」可說是育嬰上的一大壓力來源，除了家人不支持之外，還有因為體質、工作職場環境等因素，使得媽媽無法哺餵母乳，這些困擾容易造成產婦自責的心態，紛紛問我：「難道無法哺餵母乳，就不能算是個好媽媽？」

有快樂的媽媽，才有快樂的寶寶。當自己感覺到有壓力，心裡又無法承受時，就很難再堅持哺乳了。因此，想要讓自己成功哺餵母乳，就該懂得拒絕壓力，下面就讓我們一起來探尋「媽媽快樂哺乳，寶寶健康餵養」的秘訣吧！

正確的餵養觀念

如果媽媽的哺乳觀念不正確，又碰到長輩的質疑，就容易因為壓力而想要放棄。所以，在此介紹一些關於

哺餵母乳的正確觀念。

✿1、含著乳頭就睡

❌ **錯誤觀念**：寶寶總是含著乳頭就睡，一拔掉就醒。究竟喝了多少，實在無法知道，很擔心寶寶喝不飽。

◎ **正確觀念**：寶寶因為吮吸獲得一種安全感，即使吃飽了，寶寶依然會含著乳頭，享受躺在媽媽懷裡的味道。而且新生兒的胃容量小，每次喝的量不多，所以次數會比較頻繁，並非寶寶吃不飽而需要一直喝。

✿2、寶寶睡覺易醒

❌ **錯誤觀念**：寶寶總要人抱著，哪怕睡熟了，但是一放到床上沒一下就醒了。可能就是因為餓著肚子，所以睡不著。

◎ **正確觀念**：新生兒因為剛離開溫暖、黑暗的子宮，所以外界一些聲音、光線變化，都會使寶寶受到刺激，因而睡得不安穩，而且寶寶胃腸功能尚未完全發育，有時也會因為脹氣，容易醒來。

此外，也有媽媽認為吃母乳容易

具有正確的觀念，就不會手忙腳亂囉。

醒，並不是因為母乳不夠吃，而是因為母乳比較好消化，寶寶容易吸收，餓了之後寶寶就容易醒。

✿3、寶寶排便太水

❌ **錯誤觀念**：吃母乳的寶寶排便都是稀稀水水，而且常常一喝就拉，是不是腹瀉？

◎ **正確觀念**：母奶寶寶排便的次數不一，有時可能3、4天才大一次，

也可能一天就大好幾次。這是由於母奶可促進腸胃蠕動，可不是因為拉肚子，而且母奶很好吸收，有時連殘渣都沒有，所以才好幾天大一次。拉肚子的話，顏色與味道會跟平常的排便不太一樣，而且次數會比較多，這時一定要請小兒科醫師檢查。

寶寶的營養來自媽媽

母乳可說是寶寶最好的營養來源，有優質的母乳當主食，寶寶也才能健康長大，而優質母乳主要來自媽媽充足的營養品質。不過，現代的婦女往往家庭工作兩頭忙，常常忽略了自身的飲食習慣，如果要餵母乳的媽媽要從日常食物中多攝取足夠的營養素，假使真的無法掌握，也建議要適當補充一些含有維生素、鐵或鈣質的哺乳媽媽專用營養補充品，才能維持高品質母乳。

想讓寶寶從優質母奶獲得最佳健康來源，有幾項飲食原則：

六大類食物：

類別	五穀根莖類	奶類	肉、魚、豆、蛋類	
營養素	醣類、植物性蛋白質及維生素 B	鈣質、蛋白質及維生素 B2	蛋白質、礦物質及維生素	
食物	米飯、麵包、蛋糕、餅乾、饅頭、麵條、玉米、蕃薯、芋頭、糖果、米粉、冬粉、蓮子、果醬、粟子、菱角、馬鈴薯等。	全脂、低脂、脫脂的鮮奶或奶粉或乳製品（例如：發酵乳、乳酪等）。	動物肉類及內臟、香腸、魚、蝦、蛤、豆類製品、雞蛋、鵪鶉蛋等。	

1. 攝取高營養價值、低熱量食物，例如：蔬菜、瘦肉及魚類等等。

2. 哺乳期間每日母乳的分泌量平均約 850 毫升，而乳汁含有 1.1％的蛋白質，所以哺乳婦每日應增加 15 公克蛋白質的攝取，最好來自高生理價值蛋白質。例如：蛋、奶類製品、肉、魚、豆漿、豆腐、豆干等各種豆類製品。

3. 每天都要吃到六大類食物。

應減少或避免攝取下列食物：

1. 菸、酒、咖啡與濃茶。

2. 含脂肪多的食物，例如：肥肉、油炸食物等。

3. 盡量少吃過鹹或醃漬類食品，例如：醃肉、鹹魚、鹹蛋等等。

4. 高熱量飲品，例如：可樂、汽水等。

5. 誘發過敏的食物，像帶殼的海鮮、堅果類，以及小麥類食物等，在餵母乳時，也應盡量避免食用。

蔬菜類	水果類	油脂類
維生素、礦物質及纖維質	維生素C、維生素A、醣類及纖維質	脂肪及脂溶性維生素
各種蔬菜（以深綠色、黃色及紅色蔬菜為佳）。	各種水果。	各種動物性與植物性油、肥肉、奶油、花生、瓜子、腰果、魚肝油等。

孕哺期每日飲食建議

食物類別	生活活動強度 ※				懷孕 4 個月 增加 300 卡	哺乳期 增加 500 卡	份量說明
	低	稍低	適度	高			
	1,550卡	1,800卡	2,050卡	2,300卡			
五穀根莖類（碗）	2.5～3	3	3.5	4	+1/2	+1	1 碗＝飯 1 碗＝麵 2 碗＝中型饅頭 1 個＝薄片土司麵包 4 片
奶類（杯）	1～2	2	2	2	+1	+1	1 杯＝240 毫升
蛋豆魚肉類（份）	2～3	3	3.5	4	—	—	1 份＝熟的肉或家禽或魚肉 30 公克＝蛋 1 個＝豆腐 1 塊（4 小格）
蔬菜類（碟）	3	3	4	4	+1/2	+1	1 碟＝蔬菜 100 公克
水果類（個）	2	3	3	3	—	—	1 個＝橘子 1 個＝芭樂 1 個
油脂類 *（湯匙）	2	2	2.5	3	—	—	1 匙＝15 公克烹調用油

* 油脂類食物一般由烹調用油即可獲得，不需要另外攝取。

孕哺期礦物質及維生素每日建議

營養素	孕期	哺乳期	食物來源
鈣	1,000 毫克	1,000 毫克	奶類、魚類、蛋類、豆類及其製品、堅果類及綠色蔬菜。
鐵	10 ～ 40 毫克	40 毫克	肝及內臟類，蛋黃、牛奶、瘦肉、腰子、豆類、貝類、海藻、葡萄乾、全穀類，及綠色蔬菜。
維生素 A	500 ～ 600 微克	1,000 微克	肝、奶類、蛋黃、黃色及綠色蔬菜，以及魚肝油。
維生素 B1	0.8 ～ 1.5 毫克	1.1 ～ 1.4 毫克	胚芽米、麥芽、肝臟、瘦肉、豆類、蛋黃、蔬菜。
維生素 B2	0.9 ～ 1.7 毫克	1.2 ～ 1.7 毫克	內臟類、蛋類、牛奶、豆類、蔬菜類、麥芽、肝臟、糙米。
維生素 B6	1.9 ～ 3.1 毫克	1.9 毫克	肉類、魚類、蛋類、牛奶、豆類、蔬菜類、麥芽、肝臟、糙米。
維生素 B12	2.6 ～ 3.0 毫克	2.8 毫克	肝臟、腎臟、乳酪、牛奶、蛋類、瘦肉。
維生素 C	110 ～ 130 毫克	140 毫克	深綠色蔬菜、水果。
葉酸	600 ～ 1,000 微克	500 微克	綠色蔬菜、肝臟、腎臟、瘦肉。

生活活動強度

低	主要從事輕度活動，例如：看書、看電視，一天約 1 小時不激烈的動態活動，例如：伸展操。
稍低	從事輕度勞動量的工作，例如：打電腦、做家事，一天約 2 小時不激烈的動態活動，例如：步行。
適度	從事中度勞動量的工作，例如：站立工作、農漁業，一天約 1 小時進行較強的動態活動，例如：快走、爬樓梯。
高	從事重度勞動量的工作，例如：重物搬運、農忙工作期；或一天中約有 1 小時進行激烈運動，例如：游泳、登山。

追奶有妙招

許多哺乳媽媽都曾擔心奶水不足而想辦法「追奶」（增加奶水），但是辛苦的追奶過程也讓新手媽媽累壞了，包括每隔幾小時就要擠奶導致睡眠不足、擠奶時姿勢不正而腰痠背痛等等。

有很多原因會使乳汁分泌減少，常因為媽媽太焦慮或勞累，或是產後重返職場而造成影響。建議大家哺乳的第一要件就是要放鬆心情，而且越常親餵，奶量會越多，平常可以多看嬰兒或寶寶照片，以刺激乳腺分泌。

醫界普遍會建議哺乳媽咪每天至少喝 2,500 毫升的水，如此才能促進乳腺分泌奶水，此外，哺乳媽媽可多喝些湯品或是黑麥汁，促進奶量。另外，也補充卵磷脂、蛋白質、讓寶寶多吸媽媽的乳頭，也都是刺激乳腺分泌的好方法！

不少新手媽媽為了增加乳汁分泌，以多喝湯水及發奶食物，例如：木瓜、排骨、鱸魚、豬腳等食補，但效果因人而異。在這裡也介紹一些適用於產後乳汁不足的發乳食譜給大家做參考。

青木瓜排骨湯

【材料】

青木瓜一顆、排骨適量、鹽、薑絲與蔥白各 1 小匙

【做法】

1. 將排骨洗淨後，切成大塊。
2. 青木瓜洗淨後，去皮切塊。
3. 待湯鍋裡的水滾後，將排骨與木瓜放入鍋中燜
   煮至熟爛。可加點酒去腥。
4. 起鍋前加入鹽、薑絲、蔥白即可。

黑芝麻粥

【材料】
黑芝麻 25 克、白米適量

【做法】

① 將黑芝麻搗碎。

② 將米洗淨。

③ 鍋中放入黑芝麻與米，再加入適量的水，熬煮成粥即可。

酒釀蛋花

【材料】
酒釀 1 塊、雞蛋 1 顆、砂糖適量

【做法】
① 將酒釀加水煮開。
② 酒釀湯裡打入雞蛋，煮成蛋花狀即可。

花生豬蹄湯

【材料】

花生米 50 公克、豬蹄（前蹄）1 只

....

【做法】

❶ 花生米洗淨備用。

❷ 將豬蹄去甲、拔毛，放入鍋中，再加水和少許鹽。

❸ 將花生米放入鍋中一起燉煮，至豬蹄燉爛後，
   飲湯食豬蹄。

・花生易引發過敏，可以只喝湯，如有過敏現象應
   立即停用。

不可過度減重

在門診時，我發現有不少媽媽乳汁不足合併掉髮嚴重，原來是減重過度營養不足引起。由於哺乳熱量消耗大，如果為了產後減肥，結果不只造成營養素不足體力變差，甚至還影響到乳汁分泌，或造成乳汁品質下降，反而可能影響寶寶健康。

提醒媽媽不要急，餵一天母乳所消耗的熱量，大約是 400 ～ 500 大卡熱量，相當於慢跑 1 小時。如果產後每天正常攝取 2,500 大卡的熱量，體重就會正常下降。不過也要注意坐月子期間吃的太補，或補充過量食物，可能造成體重無法下降。

建議要減重的產婦，吃東西要計算熱量，而且也要注重食物品質，盡量攝取高營養價值、低熱量的食物，才能維持乳汁營養品質，也能讓媽媽從全面性營養素當中找回苗條體態。

母乳哺餵方式

餵母乳不僅能讓寶寶可以獲得抗體，還能藉由吸吮的動作促進媽媽子宮收縮，加速子宮機能恢復。不過，許多新手媽媽常常因為寶寶吸吮方式錯誤，又無法掌握擠母乳技巧，導致乳腺炎，下面我們就來說明基本的哺乳動作。

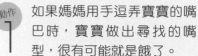

動作
1
如果媽媽用手逗弄寶寶的嘴巴時，寶寶做出尋找的嘴型，很有可能就是餓了。

動作
2
洗淨雙手，清潔乳暈、乳頭，即可準備開始哺餵。

動作
3
採取母親與寶寶都舒服的姿勢，可坐可躺，重點是讓母親心情愉快、全身肌肉放鬆，更有益於乳汁排出。

坐姿：選擇有把手的椅子，以便支撐母親雙手的重量。哺餵時媽媽可以緊靠椅背，並妥善利用靠墊，如放在手臂下，或放在大腿上托住寶寶的重量，也可在腳下添加小椅子，讓姿勢更舒適。

躺餵：以大枕頭或棉被支撐背部，手枕著寶寶的頭部，腳可以橫跨在抱枕上。

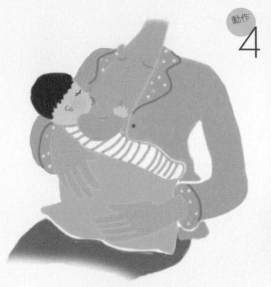

動作 4

不論採何種姿勢哺乳，都要讓寶寶整個身體面向乳房，並且貼著媽媽的上腹部，使寶寶的嘴巴與媽媽的乳房維持在同一水平上。切勿急著將乳頭推進寶寶嘴巴，寶寶會自己主動含住乳房。有的寶寶只含住乳頭，沒有含到乳暈，這樣就不容易吸到乳汁，所以要讓寶寶含住整個乳暈。此外，媽咪也可以觀察寶寶是否有將下巴貼住乳房。如果有，表示寶寶吸吮方式正確；若無，並發出「嘖、嘖」聲，就表示沒有含住乳暈，此時請調整成正確姿勢。

動作 5

當寶寶吃飽了，媽媽想要停止哺乳時，可以用手輕壓乳房或輕輕伸入寶寶嘴角，等到寶寶把嘴巴張開後，就可移出乳頭。

動作 **6**　餵完奶後，也別忘了幫寶寶拍嗝，以避免寶寶溢奶。有時寶寶並沒有打嗝，但是最好在喝完奶 10 ～ 15 分鐘內，盡量不要讓寶寶躺平，預防吐奶。

有的媽媽習慣讓寶寶吃某一側的乳房幾分鐘，就換到另一側乳房。但是，奶水剛開始大多是水分，後奶才具有營養成分。所以正確的作法是要先吃空一側乳房，再吃另一側乳房，才能讓寶寶真正吃飽，不容易飢餓。

最後也建議家人充分溝通討論，因為哺餵母乳要花費一些心力，如果有家人的支持，並適時給予安慰與協助，相信一定會讓媽媽可以勇敢地堅持下去。

勤擠奶，有助於提升奶量？

　　如果媽咪們真的擔心奶水不夠，刺激乳腺分泌也是個好方法，如果遇到暫時無法親餵母乳時，就可預先保存一部分的奶水，以備不時之需。

　　此外，有的寶寶習慣吃某一側的乳房，若有這種狀況，也記得排空另一側的乳房。可以利用擠奶器，不過也會遇到擠奶器擠不出來的死角，而且媽媽剛生產完時，由於奶量不多，用擠奶器並不好擠，這時就需要用手擠。下列介紹用手擠的一些基本動作。

 動作
1
擠奶前，請先將雙手清潔乾淨。

好孕 小知識

動作 2 在乳暈下方 1 公分的地方，輕輕地上下對壓，乳汁就會開始流動。將乳汁收集至奶瓶內。

動作 3 壓過的地方奶水流出後會變軟，這時媽媽們就要旋轉手的方向，找硬塊的地方繼續以上下對壓的方式擠奶。

前端變軟後，輕輕的按摩乳房，讓乳汁往前流動，之後再回到乳暈上方 1 公分的地方繼續擠奶。

　　常常有即將生產的新手媽咪問到：「快要生產了，我想先瞭解產後住院期間要注意什麼？出院了該怎麼照料傷口呢？」

　　無論是自然產或剖腹產，都會在媽咪的身上產生傷口，所以各位媽媽及家人需要密切注意關於產後的照護。生產之後，夫妻倆可能因為照顧新生兒而手忙腳亂，最好在生產前就先充分了解，免得發生危險狀況而不自知。

產後照護重點

✿1. 注意出血量

　　住院期間，醫護人員會定時量血壓，注意血壓是否下降，以及陰道是否持續出血，當出血量過多時就要進行輸血，並給予子宮收縮藥。如果已經出院返家休養，發現自己惡露量不減反增，或出現發燒、陰道傷口疼痛等問題時，就要趕緊就醫處理。

✿2. 注意排尿

　　自然產後約 4 ～ 6 小時即可下床走動，以減少膀胱脹尿的情況。如果產後 6 ～ 8 小時一直未排尿，就必須進行導尿，避免增加感染機會。剖腹產的媽咪，術後本來就會插導尿管，大約 1 天後才會拔除。產後媽

媽們不要因為下床走動或排尿會導致傷口疼痛就憋尿,這樣對身體恢復
是很不利的。

第一次下床時,必須有人在旁,以避免跌倒。曾經就有產婦覺得自
己應該沒有問題,便起身下床,結果走不到兩步,就覺得一陣天旋地轉,
整個人跌坐在地上,幸好醫護人員發現,結束一場虛驚!

✿3. 腸胃道照顧

產後最慢在 3、4 天要排便,媽咪可多補充水分,多吃高纖維食物,
必要時使用軟便劑,以減少便秘發生。

剖腹產後飲食則從喝水、吃流質類或稀飯漸進式開始,在順利沒有
脹氣、噁心的狀況下,就可以進食正常的飲食及坐月子餐。

✿4. 乳房照護

為了維持乳腺暢通,建議在產後 24 小時內開始用手擠奶,以確保有
足夠乳汁分泌。之後亦須每天觀察乳房是否有紅腫熱痛等情形。哺餵母
乳不僅對於嬰兒好處多多,對媽咪也是大有益處,可增加子宮收縮,幫
助恢復產前的身材。

有些媽咪雖然學過如何哺乳,但是因為技巧不夠熟練或寶寶吸吮母
奶姿勢不對,使細菌進入乳房組織,引發乳腺發炎,初期的治療可用抗
生素,若延誤時機而積膿,可能要切開患部做引流。

✿5. 觀察惡露

惡露是產後胎盤剝離而產生的子宮內分泌物,自陰道排出,初期呈
現鮮紅色、量比較多,越到後面,顏色會逐漸變淡且量也會變少。

常有媽咪會反應「醫師,孩子已經快滿月了,我也沒再吃子宮收縮

劑、生化湯，但怎麼還有惡露排不乾淨？」擔心是不是身體狀況恢復的不好，怎麼惡露滴滴答答的停不了。

　　一般來說產後大約 4 ～ 8 週會排完，只要不是大量的鮮紅出血，就不用太過擔心。

✿6. 子宮照護

　　產後的子宮強烈之收縮，有助於幫助子宮復原及減少產後大出血。為了幫助子宮收縮，並請自行按摩下腹部：平躺、用手觸摸腹部，找出子宮底的位置。再以手掌施力於子宮底，以環形方式按摩至子宮變硬。當子宮變硬時，表示子宮收縮良好，即可休息。如果收縮狀況不好，醫師才會給予子宮收縮藥。

　　假如一壓就會痛，或排出惡露有臭味，都可能是感染造成發炎。宮縮會造成疼痛，尤其第二胎以上和餵母奶時的產婦感覺更明顯，通常服用止痛藥後可紓緩疼痛，大約持續 3 ～ 4 天，疼痛就會消失。

　　此外，需要注意在產後 1 週內，媽咪的食物儘量不要摻入酒或人蔘，以免所含的刺激物，加速血液循環，可能影響血管傷口癒合，抑制子宮收縮及復原，使惡露無法順利排乾淨。倘若想要服用生化湯，建議由中醫師指導下，於生產 10 天至 2 週後再服用，但，若須口服子宮收縮藥，應請婦產科醫師檢查後才可同時使用，以免影響子宮收縮，而延後子宮復原時間及惡露量增加。

　　提醒媽咪們，臨床上經常看見媽咪們因擔心傷口裂開或怕痛而不敢下床活動，其實盡量縮短生產到下床時間，身體多活動或吃飽稍微走動一下，反而有助生理狀況更快恢復喔！

好孕媽咪
總複習

♥ 住院期間

1. 聽從護理人員指導產後自我保健的護理方法，例如：清洗會陰傷口的方法等等。
2. 自然產孕婦可於生產完 4～6 小時下床活動、排尿。剖腹產則視傷口復原情況而定。盡量在術後第 1 天下床走動，以促進排氣、預防腸沾粘。產婦第一次下床時，必須有人在旁攙扶，避免跌倒。
3. 聽從護理人員指導哺餵母乳的方法、定時觀察奶脹狀況及乳頭護理。
4. 也要請家人多多留意孕婦有無發燒或是大量出血的狀況。
5. 健保給付自然產住院 3 天，剖腹產住院 6 天，如果沒有特殊狀況則可出院。

♥ 月子期間

1. 自我觀察子宮收縮、惡露量及顏色、會陰傷口的情況。
2. 多補充水分，多吃高纖維食物，有助於排便。
3. 產後可躺於床墊上做些簡易的運動。自然產於產後 2、3 天可開始從事簡單的伸展運動，剖腹產則於產後 2 週，再從事簡單的伸展運動。
4. 注意自己的情緒變化，須有充分的休息和睡眠。
5. 飲食要均衡，每天至少喝 2,500 毫升的水，並攝取高營養價值的食物。
6. 哺乳期間，保持輕鬆愉快的心情，若有任何哺乳問題，可以請教護士或醫師。

500個
知名品牌
與國際同步

媽媽最常使用的
婦嬰網站
第一名
媽媽寶寶雜誌票選

Mall DJ
www.malldj.com
親 子 購 物 網

2萬項
嬰兒用品
一次購足

半日達
火速到貨!!

490元
即免運費
想買就買

Hello初次見面禮!!200元折價券輕鬆入袋

Step 1
登入活動網址

Step 2
填寫會員資料

Step 3
輸入活動代碼
20150512001

Step 4
完成會員註冊

Step 5
系統派發折價券

網址 www.malldj.com/code/getcoupon.asp

※注意事項:
1. 折價券領取對象限定為因本次活動註冊之新會員。
2. 折價券領取時間:2015年06月24日至10月31日
3. 單筆訂單滿$1000即可使用$200折價券。

4. 選購完商品進入結帳櫃台後,選擇欲使用的折價券,即可使用折抵
5. 折價券請於完成領取後30日內使用完畢,逾期未使用視同放棄
6. 使用折價券後如遇退換貨,恕無法再次補發。
7. 本折價券限於「MallDJ親子購物網」站內使用,不得轉讓或折換現金。

TS6®

護一生

妳的粉紅女子力

為私密肌膚 圍起健康的舒適圈

品牌代言人

TS6護一生添加專利＜好的益生菌＞，用天然好菌圍起健康的舒適圈，
呵護私密肌膚、提升私密肌膚的抵抗力，
讓健康、自信成為女人美麗的力量，就是妳的粉紅女子力！

私密護膚柔濕巾10張/包
含益生菌精萃的保養巾，由前往後
輕輕擦拭私密肌膚，用完即丟。

緊急救援

幸福粉霧40ml
益生菌及玻尿酸精
華，隨身防護維持
私密肌膚健康。

氣溫飆升！妹妹也悶悶不樂

天氣悶熱、流汗或生理期，容易造成悶濕不舒服，如
廁後使用添加好菌精華的濕巾擦拭、擺脫黏膩感，再
以幸福粉霧噴灑私密肌膚，隨時防護，提升抵抗力。

女人浪漫小心肌！
「緊緻白嫩養成術」

小心老公暈船了

女性私密肌膚常因小褲褲或緊身褲
摩擦而有黯沉乾燥之困擾，保養私
密肌膚，讓私密肌膚能保濕嫩白，
展現水嫩豐潤誘人的魅力。

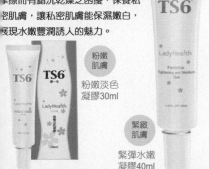

粉嫩
肌膚

粉嫩淡色
凝膠30ml

緊緻
肌膚

緊彈水嫩
凝膠40ml

私密保養小撇步

專利TS-2L®益菌精萃保護妳

健康女性的私密肌膚存在乳酸菌叢，
pH值維持在3.4~4.2間，弱酸性的環
境形成天然的保護屏障，幫助保護並
強化私密肌膚的抵抗力。

女性私密肌膚需要正確的酸性維護，在
生理期、懷孕、從事戶外活動時容易受
到影響而變化，進而造成乾癢不舒服。

TS-2L®益生菌精華主要精選二株乳酸菌
經新鮮生奶發酵萃取活性成份，其中含
豐富的營養成份如乳酸、多種胺基酸及
維生素等，可滋養私密肌膚，啟動私密
肌膚天然防護機制，維持
私密肌膚健康環境。

專利好的益生菌
打造妳的粉紅女子力

撰稿/
TS6私密保養中心

為私密肌膚圍起健康的舒適圈

女性私密肌膚十分脆弱，平日應選擇私密肌膚專用的清潔保養品，貼心呵
護私密肌膚；TS6®護一生突破傳統弱酸防護觀念，開發應用於女性私密肌
膚修護的益生菌萃取物，私密肌膚守護不只『乳酸』，還有TS-2L®益生菌
精華提供好保護，給予女性健康舒適的呵護，就是妳的粉紅女子力。

陶晶瑩連續五年代言

幸福人妻陶晶瑩連續代言「TS6®護一生」全系列保養
商品，記者會上她說：「私密肌膚保養應該從小就要
開始，越早保養也是女生愛自己的表現。」

TV
廣告品

加強
配方

潔淨慕斯·
加護型100g

潔淨慕斯180ml

女性的私密肌膚嬌嫩敏弱，獨
特慕斯泡沫劑型，細緻溫和綿
密，不需稀釋直接給私密肌膚
最輕柔的呵護。

超奢侈！
一瓶搞定
用私密保養品來沐浴全身肌膚？

討厭洗沐手續繁雜的妳，TS6®打造私密頂級的沐浴凝露來呵護全身嬌柔的
肌膚，選用凝露商品即可一次清洗身體和私密肌膚，簡單便利又安心。

加強
配方

果萃沐浴晶露250g

潔淨凝露300ml

愛生活 001

孕律
晚婚也能好孕、熟齡也能順產、產後也能性福，郭安妮醫師的妊娠書

作　　　者——郭安妮
特約編輯——郭茵娜
美術設計——徐思文
主　　編——林憶純
責任編輯——林謹瓊
行銷企劃——塗幸儀

第五編輯部總監——梁芳春
董 事 長——趙政岷

出 版 者——時報文化出版企業股份有限公司
　　　　　　108019 台北市和平西路三段 240 號 7 樓
　　　　　　發行專線—（02）2306-6842
　　　　　　讀者服務專線— 0800-231-705、（02）2304-7103
　　　　　　讀者服務傳真—（02）2304-6858
　　　　　　郵撥— 19344724 時報文化出版公司
　　　　　　信箱— 一〇八九九臺北華江橋郵局第九九信箱
時報悅讀網— www.readingtimes.com.tw
電子郵箱— history@readingtimes.com.tw
法律顧問—理律法律事務所　陳長文律師、李念祖律師
印刷—詠豐印刷股份有限公司
初版一刷— 2015 年 6 月
初版二刷— 2020 年 6 月 10 日
定價—新台幣 320 元

特別感謝— TS6® 護一生

孕律：晚婚也能好孕、熟齡也能順產、產後也能性
福，郭安妮的妊娠書 / 郭安妮作 . -- 初版 . -- 臺北市
：時報文化，2015.06
　面；　公分 . --（愛生活；1）
ISBN 978-957-13-6269-4(平裝）
1. 妊娠 2. 分娩 3. 產後照護 4. 婦女健康
429.12　　　　　　　　　　　　104006975